高等教育公共基础课精品系列规划教材

实用高等数学

主　编　吴荣华
副主编　赵江鹏　李　迪

北京理工大学出版社
BEIJING INSTITUTE OF TECHNOLOGY PRESS

内 容 简 介

本书充分考虑到应用型院校本科教学的实际，特别是工科应用型院校本科教学的实际，注重基本概念、基本方法和基本理论的讲解，并且对经典例题进行了补充，对工科等专业课程中可能会出现的概念和计算问题进行了补充和讲解.本书以够用为准则，弱化了理论的证明，但保持了高等数学内容的完整性、条理性和逻辑性.每节都配有习题，每章都配有复习题，能够帮助读者更好地学习和理解.

本书既可作为高等学校工科数学课程的教材，也可作为管理课程、会计课程等专业课程的公共基础课程.

图书在版编目（CIP）数据

实用高等数学 / 吴荣华主编. —北京：北京理工大学出版社，2018.8（2018.9 重印）
ISBN 978-7-5682-6045-9

Ⅰ. ①实… Ⅱ. ①吴… Ⅲ. ①高等数学–高等学校–教材 Ⅳ. ①O13

中国版本图书馆 CIP 数据核字（2018）第 181784 号

出版发行 / 北京理工大学出版社有限责任公司
社 址 / 北京市海淀区中关村南大街 5 号
邮 编 / 100081
电 话 /（010）68914775（总编室）
（010）82562903（教材售后服务热线）
（010）68948351（其他图书服务热线）
网 址 / http://www.bitpress.com.cn
经 销 / 全国各地新华书店
印 刷 / 三河市华骏印务包装有限公司
开 本 / 787 毫米×1092 毫米 1/16
印 张 / 10.25
字 数 / 245 千字
版 次 / 2018 年 8 月第 1 版 2018 年 9 月第 2 次印刷
定 价 / 32.00 元

责任编辑 / 王美丽
文案编辑 / 孟祥雪
责任校对 / 周瑞红
责任印制 / 李志强

前 言

为了适应应用型院校本科高等数学的教学要求，也为了培养适应社会发展要求的具有数学逻辑思维、创新思维和辩证思维的人才，我们编写了这本《实用高等数学》教材.

作为公共基础必修课的数学，本着培养学生分析问题、解决问题的能力和为专业课服务的宗旨，对所学内容进行了严格的筛选.其中有三个重要的特点，其一是保持高等数学内容的完整性和连贯性；其二是添加了许多与各专业课相关的例题；其三是为了提高学生解决实际问题的能力，省略了一些理论的证明. 这样做的目的一是让我们的老师好教，二是让我们的学生好学，并且能够与专业课中的一些理论有效结合起来.

本教材总共有六章内容，吴荣华老师负责第一章和第二章，赵江鹏老师负责第三章和第四章，李迪老师负责第五章和第六章.

针对本书的编写和出版，我们要感谢云南工商学院各领导的关心和帮助，也要感谢北京理工大学出版社的编辑的辛勤付出.

由于作者水平有限，本书错误之处在所难免，恳请广大读者批评指正.

编 者

目　录

第一章

函数、极限与连续

函数是数学中最重要的基本概念之一，在高等数学中也是主要的研究对象. 极限是在研究变量在某一过程中的变化趋势时引出来的，它是高等数学中的重要基本概念.高等数学中的其他概念，如连续、导数、不定积分和定积分等都是用极限表述的. 这一章将对函数的概念及其相关的知识进行巩固，同时介绍极限的概念、极限的计算方法以及函数的连续的概念和性质.

1.1 函　　数

函数是描述变量间相互依赖关系的一种数学模型. 例如，人们在从事生产和经营活动时，关心的是产品的成本、销售的收益和获得的利润，这些变量通常都与产量或者销售量有关系，可以看成产量或销售量的函数.

1.1.1 函数的概念

1. 函数的定义

定义 1 设 D 是一个非空实数集，x 和 y 是两个变量，如果按照某个对应法则 f，对于 D 中的每一个数值 x，都有唯一的数值 y 与之对应，则称对应法则 f 为定义在 D 上的函数，记作 $y=f(x),x\in D$，其中 x 称为自变量；y 称为因变量；D 称为函数的定义域，也记作 D_f；$f(x)$ 称为函数 f 在 x 处的函数值；全体函数值的集合，称为函数的值域，记作 R_f 或者 $f(D)$，即 $R_f=f(D)=\{y\,|\,y=f(x),x\in D_f\}$.

注意：

（1）定义中的对应法则 f 也可以用其他字母如 g、h、F 等表示.

例如 $y=g(x),y=h(x),y=F(x)$.

（2）函数的定义域和对应法则称为函数的两个要素.只有当两个函数的定义域和对应法则完全相同时，这两个函数才相同. 例如： $y=\sqrt{x^2}$ 和 $y=|x|$.

例 1 判别下列函数是否相同，为什么？

（1） $y=x-1$ 与 $y=\dfrac{x^2-1}{x+1}$；（2） $y=\ln\dfrac{x}{x-1}$ 与 $y=\ln x-\ln(x-1)$；

（3） $y=x$ 与 $y=\sqrt[3]{x^3}$；（4） $y=x^0$ 与 $y=\dfrac{x^2}{x}$.

解 （1）不相同，因为 $y=x-1$ 的定义域是 $\mathbf{R}$，而 $y=\dfrac{x^2-1}{x+1}$ 的定义域是 $\{x|x\neq-1\}$.

（2）不相同，因为 $y=\ln\dfrac{x}{x-1}$ 的定义域是 $\{x|x>1$ 或 $x<0\}$，而 $y=\ln x-\ln(x-1)$ 的定义域是 $\{x|x>1\}$.

（3）相同，因为 $y=\sqrt[3]{x^3}=x,x\in\mathbf{R}$.

（4）不相同， $y=x^0=1,x\neq0; y=\dfrac{x^2}{x}=x,x\neq0$，它们的表达式不相同.

例 2 求下列函数的定义域：

（1） $y=\sqrt{x-2}+\dfrac{4}{x-3}$；（2） $y=\dfrac{\ln(x-1)}{\sqrt{2-x}}$；

（3） $y=\sqrt{\dfrac{x-1}{x+2}}$；（4） $y=\arcsin(2x-1)+\dfrac{1}{\sqrt{x}}$.

解 （1） $\begin{cases}x-2\geqslant0,\\x-3\neq0\end{cases}\Rightarrow x\geqslant2$ 且 $x\neq3$，所以定义域为 $\{x|x\geqslant2$ 且 $x\neq3\}$.

（2） $\begin{cases}x-1>0,\\2-x>0\end{cases}\Rightarrow 1<x<2$，所以定义域为 $\{x|1<x<2\}$.

（3） $\dfrac{x-1}{x+2}\geqslant0\Rightarrow x\geqslant1$ 或 $x<-2$，所以定义域为 $\{x|x\geqslant1$ 或 $x<-2\}$.

（4） $\begin{cases}-1\leqslant2x-1\leqslant1,\\x>0\end{cases}\Rightarrow 0<x\leqslant1$，所以定义域为 $\{x|0<x\leqslant1\}$.

2. 函数的表示方法

常用的函数表示方法有三种：表格法、图像法和解析法.

根据函数解析表达式形式的不同，函数也可以分为显函数、隐函数和分段函数.

（1）显函数：函数 y 由自变量 x 的解析表达式直接表示，形如： $y=f(x)$，例如： $y=2x-1$.

（2）隐函数：函数的自变量 x 和因变量 y 的对应关系由方程 $F(x,y)=0$ 来确定，例如： $\ln x=\cos(x-y)$.

（3）分段函数：函数在其定义域的不同范围内，具有不同的解析表达式.

例如：绝对值函数 $y=|x|=\begin{cases}x,x\geqslant0,\\-x,x<0.\end{cases}$

1.1.2　函数的性质

1. 函数的单调性的定义

定义 2　设 $f(x)$ 是定义在区间 D 上的函数，对于任意的 x_1、$x_2 \in D$，且 $x_1 < x_2$，若 $f(x_1) < f(x_2)$，则称函数 $f(x)$ 在区间 D 上是单调递增的，即 y 随 x 的增大而增大；若 $f(x_1) > f(x_2)$，则称函数 $f(x)$ 在区间 D 上是单调递减的，即 y 随 x 的增大而减小.

例如　函数 $f(x)=3x^2+1$ 在区间 $(-\infty,0)$ 内是单调递减的，而在 $(0,+\infty)$ 内是单调递增的.

2. 函数的奇偶性的定义

定义 3　设 $f(x)$ 是定义在区间 D 上的函数，且 D 是关于坐标原点对称的，对于任意的 $x \in D$，若 $f(-x)=-f(x)$，则称 $f(x)$ 为 D 上的奇函数，奇函数图像关于坐标原点对称；若 $f(-x)=f(x)$，则称 $f(x)$ 为 D 上的偶函数，偶函数图像关于 y 轴对称.

例如　判断下列函数的奇偶性：

（1）$f(x)=\dfrac{e^x+e^{-x}}{2}$；（2）$f(x)=\ln(\sqrt{x^2+1}+x)$.

解　（1）偶函数，因为 $f(-x)=\dfrac{e^{-x}+e^x}{2}=f(x)$.

（2）奇函数，因为

$$f(-x)=\ln(\sqrt{(-x)^2+1}-x)=\ln(\sqrt{x^2+1}-x)$$

$$=\ln\frac{1}{\sqrt{x^2+1}+x}=-\ln(\sqrt{x^2+1}+x)=-f(x).$$

3. 函数的周期性的定义

定义 4　设 $f(x)$ 是定义在区间 D 上的函数，若存在非零常数 T，使得对于任意的 $x \in D$，都有 $x \pm T \in D$，且 $f(x+T)=f(x)$，则称 $f(x)$ 为周期函数，周期为 T.

例如　$\sin x$、$\cos x$ 都是以 2π 为周期的周期函数；$\tan x$、$\cot x$ 都是以 π 为周期的周期函数.

4. 函数的有界性的定义

定义 5　设 $f(x)$ 是定义在区间 D 上的函数，若存在一个正数 M，对任意的 $x \in D$，都有 $|f(x)| \leqslant M$ 成立，则称函数 $f(x)$ 为区间 D 上的有界函数；若不存在这样的正数 M，则称函数 $f(x)$ 为区间 D 上的无界函数.

例如　（1）$y=\sin x, y=\cos x$ 在其定义域内是有界的，因为 $|\sin x| \leqslant 1, |\cos x| \leqslant 1$.

（2）$y=\ln(x-1)$ 在区间 $(1,+\infty)$ 内无界，在区间（3，5）内有界，因此在说一个函数是有界的还是无界的，应同时指出其自变量的取值范围.

1.1.3　初等函数

1. 反函数

1）反函数的定义

定义 6　设函数 $y=f(x)$ 的定义域为 D，值域为 **R**，如果对于 **R** 中的每一个 y 值，D 中都有一个确定的且满足 $y=f(x)$ 的 x 的值与之对应，则得到一个定义在 $\mathbf{R}$ 上的以 y 为自变量，x 为因变量的新函数，我们称它为 $y=f(x)$ 的反函数，记作 $x=f^{-1}(y)$.

注意：

（1）由于习惯上总是用 x 表示自变量，用 y 表示因变量，所以通常将 $x=f^{-1}(y)$ 改写成 $y=f^{-1}(x)$.

（2）由定义可知，函数 $y=f(x)$ 具有反函数的充要条件是自变量与因变量是一一对应的，因为严格单调函数具有这种性质，所以严格单调函数必有反函数.

2）求反函数的步骤

（1）求出原函数 $y=f(x)$ 的值域.

（2）把 x 作为未知数看，从方程 $y=f(x)$ 中解出 $x=f^{-1}(y)$.

（3）所得的表达式中，将 x 与 y 对换，从而得出 $y=f^{-1}(x)$.

例 1　求函数 $y=\sqrt{2x-1},x\in[1,5]$ 的反函数.

解　（1）因为 $x\in[1,5]$，所以 $y\in[1,3]$.

（2）因为 $y=\sqrt{2x-1}$，所以 $y^2=2x-1$，从而 $x=\dfrac{y^2+1}{2}$.

（3）函数 $y=\sqrt{2x-1},x\in[1,5]$ 的反函数为 $y=\dfrac{x^2+1}{2},x\in[1,3]$.

3）反函数的性质

（1）反函数的定义域就是原函数的值域.

（2）反函数与原函数的图像关于直线 $y=x$ 对称.

例如　指数函数 $y=a^x$ 与对数函数 $y=\log_a x$ 互为反函数，它们的图像关于直线 $y=x$ 对称.

2. 复合函数

1）复合函数的定义

定义 7　设函数 $y=f(u)$ 与 $u=\varphi(x)$，当 x 在定义域内取值时，对应的 $u=\varphi(x)$ 的值能使得 $y=f(u)$ 有定义，则称函数 $y=f(\varphi(x))$ 为 x 的复合函数，称 u 为中间变量.

例 1　指出下列函数能否复合：

（1）$y=\sqrt{u},u=-1-x^2$；　（2）$y=\cos u,u=\mathrm{e}^x$；

（3）$y=\arcsin u,u=x^2+2$；　（4）$y=u^2,u=\sin v,v=2x-1$.

解　（1）不能，因为如果复合，则 $y=\sqrt{-1-x^2}$，该表达式没有意义.

（2）能，复合函数为 $y=\cos\mathrm{e}^x$，该表达式有意义.

（3）不能，因为如果复合，则 $y=\arcsin(x^2+2)$，该表达式没有意义.

（4）能，复合函数为 $y=\sin^2(2x-1)$.

例 2　指出下列复合函数的复合过程：

（1）$y=\mathrm{e}^{\sqrt{x^2-2}}$；（2）$y=\ln\sin\sqrt{x}$；

（3）$y=\mathrm{e}^{\sin^2(3x-1)}$；（4）$y=\ln\arctan\mathrm{e}^{x^2}$

解　（1）$y=\mathrm{e}^u,u=\sqrt{v},v=x^2-2$.

（2）$y=\ln u,u=\sin v,v=\sqrt{x}$.

（3）$y=\mathrm{e}^u,u=v^2,v=\sin t,t=3x-1$.

（4）$y=\ln u,u=\arctan v,v=\mathrm{e}^t,t=x^2$.

3. 基本初等函数

基本初等函数包括六个：常数函数，幂函数，指数函数，对数函数，三角函数，反三角函数.

（1）常数函数：$y=C(C为常数)$.

（2）幂函数：$y=x^\mu(\mu为常数)$.

（3）指数函数：$y=a^x$,其中 $a>0$ 且 $a\neq 1,x\in\mathbf{R},y>0$.

（4）对数函数：$y=\log_a x$,其中$a>0$且$a\neq 1,x>0,y\in\mathbf{R}$.

（5）三角函数：正弦函数 $y=\sin x$;余弦函数 $y=\cos x$;正切函数 $y=\tan x$;　余切函数 $y=\cot x$;正割函数 $y=\sec x$;余割函数 $y=\csc x$.

（6）反三角函数：反正弦函数 $y=\arcsin x$;反余弦函数 $y=\arccos x$;反正切函数 $y=\arctan x$ 等.

4. 初等函数

由基本初等函数经过有限次四则运算和有限次复合运算形成，并且在定义域内有统一的解析表达式，这样的函数称为初等函数.

例如　（1）$y=\sqrt{1-x^2}$ 是初等函数；

（2）$y=\ln\dfrac{1-\cos x}{\sin x}$ 是初等函数；

（3）$y=|x|=\begin{cases}x,x\geqslant 0,\\-x,x<0\end{cases}$ 是初等函数；

（4）$y=\begin{cases}2-x,x\geqslant 1,\\1+x,x<1\end{cases}$ 不是初等函数.

注意：初等函数用一个数学式子来表示，分段函数一般不是初等函数.

习　题　1.1

1. 判别下列各题中 $f(x)与g(x)$ 是否为同一函数：

（1）$f(x)=\ln x^3,g(x)=3\ln x$；　　（2）$f(x)=\dfrac{\sqrt{x-1}}{\sqrt{x-2}},g(x)=\sqrt{\dfrac{x-1}{x-2}}$；

（3） $f(x)=\sqrt{x^2}, g(x)=(\sqrt{x})^2$；　　（4） $f(x)=\sqrt{1-\cos^2 x}, g(x)=\sin x$.

2. 求下列函数的定义域：

（1） $y=\ln(x-1)+\sqrt{2-x}$；　　（2） $y=\dfrac{1}{1-x}+\mathrm{e}^{1+x}$；

（3） $y=\arcsin\dfrac{x-2}{3}+\dfrac{2}{x^2+3}$；　　（4） $y=\dfrac{\arccos(2x-1)}{\sqrt{-x^2+x+2}}$.

3. 判断下列函数的奇偶性：

（1） $f(x)=x^2(1-x^2)$；　　（2） $f(x)=\ln\dfrac{1-x}{1+x}$；

（3） $f(x)=x\cos x-\sin x$；　　（4） $f(x)=2x^2-3x+1$.

4. 设函数 $f(x)=\begin{cases} x^2-3, x\geqslant 1, \\ 2x+1, x<1, \end{cases}$ 求 $f(0), f(1), f(2), f(-1), f[2-3f(0)]$.

5. 求下列函数的反函数：

（1） $y=1-x, x>2$；　　（2） $y=\ln(2-x)$；

（3） $y=\dfrac{x}{1-x}$；　　（4） $y=\begin{cases} x-1, x<0, \\ x^2, x\geqslant 0. \end{cases}$

6. 判断下列函数中哪些是周期函数，若是周期函数，指出其周期：

（1） $y=\sin^2(x-2)$；　　（2） $y=x\cos x$；

（3） $y=2\cos 6x-3$；　　（4） $y=\sin 2x+\cos 2x$.

7. 指出下列函数是由哪些函数复合而成的：

（1） $y=\sin(2x+3)$；　　（2） $y=\cos\ln(1-x)$；

（3） $y=\arcsin \mathrm{e}^{2x-1}$；　　（4） $y=\tan^2(\sqrt{4x-1})$.

1.2 数列极限

极限的思想是由求某些实际问题的精确解而产生的.例如，我国古代数学家刘徽（公元 3 世纪）利用圆内接正多边形来推算圆面积的方法——割圆术，就是极限思想在几何上的应用；又如，《庄子・天下篇》中对“截丈问题”有一段名言：“一尺之棰，日取其半，万世不竭.”其中也隐含了深刻的极限思想.

1. 数列极限的定义

定义 1　如果数列 $\{a_n\}$ 的项数 n 无限增大，它的通项 a_n 无限接近于某一个确定的常数 a，则称 a 是数列 $\{a_n\}$ 的极限，此时也称数列 $\{a_n\}$ 收敛于 a，记作

$$\lim_{n\to\infty} a_n = a \text{ 或 } a_n \to a(n\to\infty).$$

注意：如果数列 $\{a_n\}$ 的项数 n 无限增大，它的通项 a_n 不接近于任何确定的常数，则称数列 $\{a_n\}$ 没有极限，或称数列 $\{a_n\}$ 发散.

例 1　观察下列数列的变化趋势，并判断它们是收敛的还是发散的：

（1）$1,\frac{1}{2},\frac{1}{3},\frac{1}{4},\cdots,\frac{1}{n},\cdots$；

（2）$\frac{1}{2},\frac{2}{3},\frac{3}{4},\cdots,\frac{n}{n+1},\cdots$；

（3）$1,-1,1,-1,\cdots,(-1)^{n+1},\cdots$；

（4）$1^2,2^2,3^2,4^2,\cdots,n^2,\cdots$；

（5）$1,\frac{1}{\sqrt{2}},\frac{1}{\sqrt{3}},\frac{1}{\sqrt{4}},\cdots,\frac{1}{\sqrt{n}},\cdots$；

（6）$2,2,2,2,\cdots,2,\cdots$；

（7）$1,3,1,3,\cdots,2+(-1)^n,\cdots$；

（8）$2,\frac{3}{2},\frac{4}{3},\frac{5}{4},\cdots,\frac{n+1}{n},\cdots$.

解　（1）、（2）、（5）、（6）、（8）都是收敛的，（3）、（4）、（7）都是发散的.

2. 数列极限的性质

（1）唯一性：若数列$\{a_n\}$收敛，则其极限必唯一.

证明略.

（2）有界性：若数列$\{a_n\}$收敛，则其极限必有界.

证明略.

（3）保号性：若 $\lim\limits_{n\to\infty} a_n=a$ 且 $a>0(a<0)$，则必存在正整数 **N**,当 $n>\mathbf{N}$ 时，恒有 $a_n>0(a_n<0)$.

证明略.

（4）收敛数列的运算性质：若数列$\{a_n\}$和$\{b_n\}$分别收敛于a和b，则它们的和、差、积和商（分母的极限不为零）的数列也是收敛的.即若 $\lim\limits_{n\to\infty} a_n=a$，$\lim\limits_{n\to\infty} b_n=b$，则有：

（1）$\lim\limits_{n\to\infty}(a_n\pm b_n)=\lim\limits_{n\to\infty} a_n\pm\lim\limits_{n\to\infty} b_n=a\pm b$；

（2）$\lim\limits_{n\to\infty}(a_n\cdot b_n)=\lim\limits_{n\to\infty} a_n\cdot\lim\limits_{n\to\infty} b_n=a\cdot b$；

（3）$\lim\limits_{n\to\infty}\frac{a_n}{b_n}=\frac{\lim\limits_{n\to\infty} a_n}{\lim\limits_{n\to\infty} b_n}=\frac{a}{b}(b\neq 0)$.

例 2　求极限 $\lim\limits_{n\to\infty}\frac{4n^2-5n+2}{n^2+3n+4}$.

解　将分式的分子和分母同时除以n^2，再用性质 4 可得 $\lim\limits_{n\to\infty}\frac{4n^2-5n+2}{n^2+3n+4}=\lim\limits_{n\to\infty}\frac{4-\frac{5}{n}+\frac{2}{n^2}}{1+\frac{3}{n}+\frac{4}{n^2}}=4$.

习　题　1.2

1. 观察下列数列的变化趋势，判别哪些数列有极限，如果有极限，写出其极限：

（1）$-1,\frac{1}{2},\frac{-1}{3},\frac{1}{4},\cdots,\frac{(-1)^n}{n},\cdots$；　　（2）$1,\frac{1}{2^2},\frac{1}{3^2},\frac{1}{4^2},\cdots,\frac{1}{n^2},\cdots$；

（3）$1,\frac{1}{2},\frac{1}{4},\frac{1}{8},\cdots,\frac{1}{2^{n-1}},\cdots$；　　（4）$1,2,3,4,\cdots,n,\cdots$.

2. 判别下列数列哪些是收敛的，哪些是发散的.

（1）$1,\frac{1}{8},\frac{1}{27},\frac{1}{64},\cdots,\frac{1}{n^3},\cdots$；　　（2）$4,4,4,4,\cdots,4,\cdots$；

（3）$3,\frac{4}{2},\frac{5}{3},\frac{6}{4},\cdots,\frac{n+2}{n},\cdots$；　　（4）$-2,4,-6,8,\cdots,(-1)^n 2n,\cdots$.

1.3　函数的极限

前面我们学习了数列的极限，对极限的概念有了初步的了解，函数极限值与自变量 x 的变化过程是紧密相关的，自变量的变化过程不同，函数极限就有不同的表现形式.下面我们将分两种情况来讨论函数的极限.

1.3.1　函数极限的定义

1. 自变量趋于无穷大时函数的极限

函数的自变量 $x\to\infty$ 是指 x 的绝对值无限增大，它包含以下两种情况：

（1）x 取正值且无限增大，记作 $x\to+\infty$.

（2）x 取负值且它的绝对值无限增大，记作 $x\to-\infty$；

若 x 不指定正负，且 $|x|$ 无限增大，记作 $x\to\infty$.

定义 1　设函数 $f(x)$ 当 $|x|$ 大于某一正数时有定义，若存在常数 A，对于任意给定的正数 ε（无论它多么小），总存在着正数 X，使得对于满足不等式 $|x|>X$ 的一切 x 总有 $|f(x)-A|<\varepsilon$，则称常数 A 为函数 $f(x)$ 当 $x\to\infty$ 时的极限，记作

$$\lim_{x\to\infty}f(x)=A \text{ 或 } f(x)\to A(x\to\infty)$$

例 1　$\lim\limits_{x\to\infty}\frac{1}{x}=0$，$\lim\limits_{x\to\infty}\frac{A}{x}=0\,(A\neq0)$，$\lim\limits_{x\to+\infty}\mathrm{e}^{-x}=0$.

定理 1　$\lim\limits_{x\to\infty}f(x)=A$ 的充分必要条件是 $\lim\limits_{x\to+\infty}f(x)=\lim\limits_{x\to-\infty}f(x)=A$.

例 2　求 $\lim\limits_{x\to\infty}\frac{3x^2+2x-2}{x^2-1}$.

解　$\lim\limits_{x\to\infty}\frac{3x^2+2x-2}{x^2-1}=\lim\limits_{x\to\infty}\frac{3+\frac{2}{x}-\frac{2}{x^2}}{1-\frac{1}{x^2}}=3$.

2. 自变量趋于有限值时函数的极限

与 $x\to\infty$ 的情形类似，$x\to x_0$ 同样包含了两种情况：

（1）x 从大于 x_0 的方向趋近于 x_0，记作 $x\to x_0^{+}$；

（2）x 从小于 x_0 的方向趋近于 x_0，记作 $x\to x_0^{-}$；

若 $x\to x_0$，则表示 x 从大于 x_0 的方向和从小于 x_0 的方向无限趋近于 x_0.

定义 2　设函数 $f(x)$ 在点 x_0 的某一去心领域内有定义，若存在常数 A，对于任意给定的正数 ε（无论它多么小），总存在着正数 δ，使得对于满足不等式 $0<|x-x_0|<\delta$ 的一切 x 总有 $|f(x)-A|<\varepsilon$，则称常数 A 为函数 $f(x)$ 当 $x\to x_0$ 时的极限，记作

$$\lim_{x\to x_0} f(x)=A \text{ 或 } f(x)\to A(x\to x_0)$$

例 1　$\lim\limits_{x\to 1}(2x+1)=3$，$\lim\limits_{x\to 2}\dfrac{x^2-4}{x-2}=4$，$\lim\limits_{x\to 0}\dfrac{x}{\sqrt{x+1}-1}=2$.

定义 3　当 x 仅从左侧（$x<x_0$）趋近于 x_0 时，$f(x)$ 以 A 为极限，即对于任意给定的正数 ε（无论它多么小），总存在着正数 δ，使得对于满足不等式 $x_0-\delta<x<x_0$ 的一切 x 总有 $|f(x)-A|<\varepsilon$，则称常数 A 为函数 $f(x)$ 当 $x\to x_0^{-}$ 时的极限，记作

$$\lim_{x\to x_0^{-}} f(x)=A \text{ 或 } f(x_0^{-})=A$$

称为函数 $f(x)$ 在 x_0 处的左极限.

定义 4　当 x 仅从右侧（$x>x_0$）趋近于 x_0 时，$f(x)$ 以 A 为极限，即对于任意给定的正数 ε（无论它多么小），总存在着正数 δ，使得对于满足不等式 $x_0<x<x_0+\delta$ 的一切 x 总有 $|f(x)-A|<\varepsilon$，则称常数 A 为函数 $f(x)$ 当 $x\to x_0^{+}$ 时的极限，记作

$$\lim_{x\to x_0^{+}} f(x)=A \text{ 或 } f(x_0^{+})=A$$

称为函数 $f(x)$ 在 x_0 处的右极限.

定理 2　$\lim\limits_{x\to x_0} f(x)=A$ 的充分必要条件是 $\lim\limits_{x\to x_0^{-}} f(x)=\lim\limits_{x\to x_0^{+}} f(x)=A$.

例 2　讨论当 $x\to 0$ 时，$f(x)=\dfrac{x}{|x|}$ 的极限.

解　$f(x)=\dfrac{x}{|x|}=\begin{cases}1, x>0,\\ -1, x<0.\end{cases}$　$f(0^{-})=-1, f(0^{+})=1, f(0^{-})\neq f(0^{+})$.

所以 $f(x)$ 在 $x=0$ 处极限不存在.

例 3　已知函数 $f(x)=\begin{cases}2x^2+3x-1, x>1,\\ 4, x=1,\\ 6-x, x<1.\end{cases}$　讨论 $x\to 1$ 时的极限.

解

$$f(1^{-})=\lim_{x\to 1^{-}} f(x)=\lim_{x\to 1^{-}}(6-x)=5$$

$$f(1^{+})=\lim_{x\to 1^{+}} f(x)=\lim_{x\to 1^{+}}(2x^2+3x-1)=4$$

因为 $f(1^{-})\neq f(1^{+})$，所以 $f(x)$ 在 $x=1$ 处极限不存在.

例 4 已知函数 $f(x)=\begin{cases}x^2+ax,x\leqslant 2,\\8-2x,x>2\end{cases}$ 在 $x\to 2$ 时的极限存在，求 a 的值.

解

$$f(2^-)=\lim_{x\to 2^-}f(x)=\lim_{x\to 2^-}(x^2+ax)=4+2a$$

$$f(2^+)=\lim_{x\to 2^+}f(x)=\lim_{x\to 2^+}(8-2x)=4$$

因为 $f(2^-)=f(2^+)$，所以 $a=0$.

1.3.2 函数极限的性质

性质 1（唯一性） 若 $\lim\limits_{x\to x_0}f(x)$ 存在，则极限必唯一.

性质 2（有界性） 若 $\lim\limits_{x\to x_0}f(x)=A$，则存在常数 $M>0$ 和 $\delta>0$，使得当 $0<|x-x_0|<\delta$ 时，有 $|f(x)|\leqslant M$.

性质 3（局部保号性） 若 $\lim\limits_{x\to x_0}f(x)=A$，且 $A>0$(或 $A<0$)，则存在常数 $\delta>0$，使得当 $0<|x-x_0|<\delta$ 时，有 $f(x)>0$（或 $f(x)<0$）.

性质 4（函数极限与数列极限的关系） 若 $\lim\limits_{x\to x_0}f(x)$ 存在，$\{x_n\}$ 为函数 $f(x)$ 的定义域内任一收敛于 x_0 的数列，且 $x_n\neq x_0$（n 为正整数），则相应的函数值数列 $\{f(x_n)\}$ 必收敛，且 $\lim\limits_{n\to\infty}f(x_n)=\lim\limits_{x\to x_0}f(x)$.

习 题 1.3

1. 求下列函数的极限：

（1）$\lim\limits_{x\to\infty}\dfrac{2x-2}{x^2+1}$；（2）$\lim\limits_{x\to\infty}\dfrac{x^2+x-1}{2x^2-3}$；

（3）$\lim\limits_{x\to -1}\dfrac{2x^2+3x-1}{2x^2-1}$；（4）$\lim\limits_{x\to -2}(2x^3-5x+1)$.

2. 讨论当 $x\to 1$ 时，$f(x)=\dfrac{x^2-1}{|x-1|}$ 的极限.

3. 已知函数 $f(x)=\begin{cases}4x^2-6x+7,x>0,\\6,x=0,\\3+2x,x<0.\end{cases}$ 讨论 $x\to 0$ 时的极限.

4. 已知函数 $f(x)=\begin{cases}3x^4+ax^2,x\leqslant -1,\\2-3x+x^3,x>-1\end{cases}$ 在 $x\to -1$ 时的极限存在，求 a 的值.

1.4 无穷小与无穷大

在极限运算的过程中，经常会遇到两种变量，一种是绝对值无限变小的量，另一种是绝对值无限变大的量，前者称为无穷小量，后者称为无穷大量，它们在极限的研究中发挥着重要的作用，需要进行专门的讨论和研究.

1.4.1　无穷小的定义

1. 无穷小

定义 1　若 $\lim\limits_{x \to x_0} f(x) = 0$，则称函数 $f(x)$ 是 $x \to x_0$ 时的无穷小量，简称无穷小.

注：（1）将 $x \to x_0$ 换成 $x \to x_0^{+}$，$x \to x_0^{-}$，$x \to +\infty$，$x \to -\infty$，$x \to \infty$ 可定义不同变化过程的无穷小.

（2）以零为极限的数列 $\{x_n\}$ 称为 $n \to \infty$ 时的无穷小.

（3）无穷小是个变量，它反映的是变量趋于零的一种变化状态，即使是绝对值很小的常数（零除外）也不是无穷小，因为这些常数的极限都不是零.

（4）函数 $f(x)$ 为无穷小，必须指出自变量 x 的变化趋势.

例 1

（1）因为 $\lim\limits_{x \to \infty} \sin\dfrac{2}{x} = 0$，所以函数 $\sin\dfrac{2}{x}$ 是当 $x \to \infty$ 时的无穷小.

（2）因为 $\lim\limits_{x \to 0}(1 - \cos x) = 0$，所以函数 $1 - \cos x$ 是当 $x \to 0$ 时的无穷小.

（3）因为 $\lim\limits_{n \to \infty} \dfrac{1}{n^2} = 0$，所以数列 $\left\{\dfrac{1}{n^2}\right\}$ 是当 $n \to \infty$ 时的无穷小.

例 2　在什么条件下，下列哪些函数是无穷小？

（1）$f(x) = 2x - 4$；　　（2）$f(x) = x^2 - 2x - 3$；

（3）$f(x) = \dfrac{x+1}{x-1}$；　　（4）$f(x) = x\sin x$.

解　（1）$x \to 2$；（2）$x \to -1$ 或 $x \to 3$；（3）$x \to -1$；（4）$x \to 0$.

1.4.2　无穷小的性质

性质 1　有限个无穷小的和仍是无穷小.

注：无限个无穷小的和不一定是无穷小.

例如　（1）$\lim\limits_{n \to \infty} \dfrac{1}{n} + \lim\limits_{n \to \infty} \dfrac{1}{n} + \cdots + \lim\limits_{n \to \infty} \dfrac{1}{n} = \lim\limits_{n \to \infty} n \cdot \dfrac{1}{n} = 1$；

（2）$\lim\limits_{n \to \infty} \dfrac{1}{n^2} + \lim\limits_{n \to \infty} \dfrac{2}{n^2} + \cdots + \lim\limits_{n \to \infty} \dfrac{n}{n^2} = \lim\limits_{n \to \infty} \dfrac{1+2+3+\cdots+n}{n^2} = \dfrac{1}{2}$.

性质 2　有界函数与无穷小的乘积仍是无穷小.

注：常见的有界函数有 $\sin x, \cos x, \arctan x, x \in \mathbf{R}$. 因为 $|\sin x| \leqslant 1, |\cos x| \leqslant 1, |\arctan x| < \dfrac{\pi}{2}$.

例 1　求 $\lim\limits_{x \to \infty} \dfrac{2}{x} \sin(3x + 2)$.

解 因为 $\lim\limits_{x\to\infty}\frac{2}{x}=0$，$|\sin(3x+2)|\leqslant 1$，所以 $\lim\limits_{x\to\infty}\frac{2}{x}\sin(3x+2)=0$.

例 2 求 $\lim\limits_{x\to 0}x\cos\left(\frac{2}{x^2}\right)$.

解 因为 $\lim\limits_{x\to 0}x=0$，$\left|\cos\left(\frac{2}{x^2}\right)\right|\leqslant 1$，所以 $\lim\limits_{x\to 0}x\cos\left(\frac{2}{x^2}\right)=0$.

例 3 求 $\lim\limits_{x\to\infty}\frac{1}{x}\arctan x$.

解 因为 $\lim\limits_{x\to\infty}\frac{1}{x}=0$，$|\arctan x|<\frac{\pi}{2}$，所以 $\lim\limits_{x\to\infty}\frac{1}{x}\arctan x=0$.

例 4 求 $\lim\limits_{x\to 1}\ln x\sin\frac{2}{x-1}$.

解 因为 $\lim\limits_{x\to 1}\ln x=0$，$\left|\sin\frac{2}{x-1}\right|\leqslant 1$，所以 $\lim\limits_{x\to 1}\ln x\sin\frac{2}{x-1}=0$.

性质 3 常数与无穷小的乘积仍是无穷小.

性质 4 有限个无穷小的乘积仍是无穷小.

1.4.3 无穷大的定义

与无穷小量相反，有另一类函数在变化过程中绝对值无限增大，我们称之为无穷大量.

1. 无穷大

定义 2 若 $\lim\limits_{x\to x_0}f(x)=\infty$，则称函数 $f(x)$ 是 $x\to x_0$ 时的无穷大量，简称无穷大.

注：（1）将 $x\to x_0$ 换成 $x\to x_0^+$，$x\to x_0^-$，$x\to+\infty$，$x\to-\infty$，$x\to\infty$ 可定义不同变化过程的无穷大.

（2）无穷大是个变量，它反映的是变量趋于无穷的一种变化状态，即使是绝对值很大的常数也不是无穷大，因为这些常数的极限都不是无穷.

（3）函数 $f(x)$ 为无穷大，必须指出自变量 x 的变化趋势.

（4）$\lim\limits_{x\to x_0}f(x)=\infty$ 只是一个记号，按通常的意义来说，极限是不存在的，但为了叙述函数这个性态的方便，我们也说“函数的极限是无穷大”.

例如 （1）$\lim\limits_{x\to 1}\frac{3}{x-1}=\infty$.

（2）$\lim\limits_{x\to 2}\frac{1}{x^2-4}=\infty$.

1.4.4 无穷大与无穷小的关系

定理 1 在自变量的同一变化过程中，

（1）如果 $f(x)$ 是无穷大，则 $\frac{1}{f(x)}$ 为无穷小；

（2）如果 $f(x)$ 是无穷小，且 $f(x)\neq 0$，则 $\dfrac{1}{f(x)}$ 为无穷大.

习 题 1.4

1. 下列各题中哪些是无穷小量？哪些是无穷大量？

（1）$4x$，当 $x\to 0$ 时；（2）$\dfrac{2x}{x-1}$，当 $x\to 1$ 时；

（3）$3x^2-3$，当 $x\to 1$ 时；（4）$2x+1$，当 $x\to\infty$ 时；

（5）$\ln(x-1)$，当 $x\to 1$ 时；（6）$\ln(x-1)$，当 $x\to+\infty$ 时.

2. 下列变量在自变量怎么样变化时是无穷小量，怎么样变化时是无穷大量？

（1）$f(x)=x^2+x$；（2）$f(x)=\dfrac{x-2}{x+3}$；

（3）$f(x)=\cos x$；（4）$f(x)=\sin x$.

3. 利用无穷小性质计算下列极限：

（1）$\lim\limits_{x\to 0}x^2\sin\dfrac{2}{x}$；（2）$\lim\limits_{x\to 1}(x-1)\cos\dfrac{2}{x-1}$.

1.5 极限的四则运算

本小节将讨论求极限的方法，主要是建立极限的四则运算法则和复合函数的极限法则，利用这些法则，可以求某些函数的极限，以后再介绍其他方法.

1. 极限的四则运算

定理 1 若在自变量 x 的同一变化过程中，有 $\lim f(x)=A,\lim g(x)=B$，则有

（1）$\lim[f(x)\pm g(x)]=\lim f(x)\pm\lim g(x)=A\pm B$；

（2）$\lim[f(x)g(x)]=\lim f(x)\lim g(x)=AB$；

（3）当 $B\neq 0$ 时，$\lim\dfrac{f(x)}{g(x)}=\dfrac{\lim f(x)}{\lim g(x)}=\dfrac{A}{B}$.

推论 1 若 $\lim f(x)$ 存在，则 $\lim[cf(x)]=c\lim f(x)$，其中 c 为常数.

推论 2 若 $\lim f(x)$ 存在，n 为正整数，则 $\lim[f(x)]^n=[\lim f(x)]^n$.

例 1 求 $\lim\limits_{x\to 1}(x^3-4x+3)$.

解 原式$=\lim\limits_{x\to 1}x^3-\lim\limits_{x\to 1}4x+\lim\limits_{x\to 1}3=1-4+3=0$

例 2 求 $\lim\limits_{x\to 2}\dfrac{x^2-4}{x^2+2x-8}$.

解 原式$=\lim\limits_{x\to 2}\dfrac{(x+2)(x-2)}{(x+4)(x-2)}=\lim\limits_{x\to 2}\dfrac{x+2}{x+4}=\dfrac{4}{6}=\dfrac{2}{3}$

例 3 求 $\lim\limits_{x\to 0}\dfrac{2x}{\sqrt{x+1}-1}$.

解 原式 $=\lim\limits_{x\to 0}\dfrac{2x(\sqrt{x+1}+1)}{(\sqrt{x+1}-1)(\sqrt{x+1}+1)}=\lim\limits_{x\to 0}\dfrac{2x(\sqrt{x+1}+1)}{x}=\lim\limits_{x\to 0}2(\sqrt{x+1}+1)=4$

例 4 求 $\lim\limits_{x\to 1}\dfrac{2x^2-1}{x^2+2x-3}$.

解 因为 $\lim\limits_{x\to 1}x^2+2x-3=0,\lim\limits_{x\to 1}(2x^2-1)=1$，所以原式 $=\infty$.

例 5 求 $\lim\limits_{x\to 1}\left(\dfrac{3}{1-x^3}-\dfrac{1}{1-x}\right)$.

解 原式 $=\lim\limits_{x\to 1}\left(\dfrac{3}{(1-x)(1+x+x^2)}-\dfrac{1}{1-x}\right)=\lim\limits_{x\to 1}\dfrac{2-x-x^2}{(1-x)(1+x+x^2)}$

$$=\lim_{x\to 1}\frac{(x+2)(1-x)}{(1-x)(1+x+x^2)}=\lim_{x\to 1}\frac{x+2}{1+x+x^2}=1$$

例 6 求下列函数的极限：

（1）$\lim\limits_{x\to\infty}\dfrac{2x-1}{x^2+1}$；（2）$\lim\limits_{x\to\infty}\dfrac{3x^2+5x-2}{x^2-3}$；（3）$\lim\limits_{x\to\infty}\dfrac{-x^3-x+8}{5x+4}$.

解 （1）$\lim\limits_{x\to\infty}\dfrac{2x-1}{x^2+1}=\lim\limits_{x\to\infty}\dfrac{\dfrac{2}{x}-\dfrac{1}{x^2}}{1+\dfrac{1}{x^2}}=0$

（2）$\lim\limits_{x\to\infty}\dfrac{3x^2+5x-2}{x^2-3}=\lim\limits_{x\to\infty}\dfrac{3+\dfrac{5}{x}-\dfrac{2}{x^2}}{1-\dfrac{3}{x^2}}=3$

（3）$\lim\limits_{x\to\infty}\dfrac{-x^3-x+8}{5x+4}=\lim\limits_{x\to\infty}\dfrac{-1-\dfrac{1}{x^2}+\dfrac{8}{x^3}}{\dfrac{5}{x^2}+\dfrac{4}{x^3}}=\infty$

注：从本例中，可以总结出以下结论：

当 $a_0\neq 0,b_0\neq 0,m$、n 为非负整数时，

$$\lim_{x\to\infty}\frac{a_0x^m+a_1x^{m-1}+\cdots+a_m}{b_0x^n+b_1x^{n-1}+\cdots+b_n}=\begin{cases}0,m<n,\\ \dfrac{a_0}{b_0},m=n,\\ \infty,m>n.\end{cases}$$

例 7 求 $\lim\limits_{x\to+\infty}(\sqrt{x^2+x+1}-\sqrt{x^2-x+1})$.

解 $\lim\limits_{x\to+\infty}(\sqrt{x^2+x+1}-\sqrt{x^2-x+1})=\lim\limits_{x\to\infty}\dfrac{(\sqrt{x^2+x+1}-\sqrt{x^2-x+1})}{1}$

$$=\lim_{x\to\infty}\frac{(\sqrt{x^2+x+1}-\sqrt{x^2-x+1})(\sqrt{x^2+x+1}+\sqrt{x^2-x+1})}{1(\sqrt{x^2+x+1}+\sqrt{x^2-x+1})}=\lim_{x\to\infty}\frac{2x}{\sqrt{x^2+x+1}+\sqrt{x^2-x+1}}$$

$$=\lim_{x\to\infty}\frac{2}{\sqrt{1+\frac{1}{x}+\frac{1}{x^2}}+\sqrt{1-\frac{1}{x}+\frac{1}{x^2}}}=1$$

2. 复合函数的极限法则

定理 2　设函数 $y=f(\varphi(x))$ 是由 $y=f(u)$ 与 $u=\varphi(x)$ 复合而成的，且满足如下两个条件：

（1）$\lim\limits_{u\to a}f(u)=A$；

（2）$\lim\limits_{x\to x_0}\varphi(x)=a$；

则 $\lim\limits_{x\to x_0}f[\varphi(x)]=\lim\limits_{x\to x_0}f(u)=A$.

该定理可以形象地解释为“极限可以放到函数号里面去进行”.

例 1　求 $\lim\limits_{x\to 0}\ln(\cos x)$.

解　原式$=\ln(\lim\limits_{x\to 0}\cos x)=\ln 1=0$

例 2　求 $\lim\limits_{x\to 0^-}\mathrm{e}^{\frac{1}{x}}$.

解　因为 $\lim\limits_{x\to 0^-}\frac{1}{x}=-\infty$，而且 $\lim\limits_{t\to-\infty}\mathrm{e}^t=0$，所以原式=0.

习　题　1.5

1. 计算下列极限：

（1）$\lim\limits_{x\to 2}(2-3x+x^3)$；

（2）$\lim\limits_{x\to -1}\frac{2x+2}{x^2+x-2}$；

（3）$\lim\limits_{x\to\infty}\frac{3x-3}{2x+1}$；

（4）$\lim\limits_{x\to\infty}\frac{(8x-1)(x^2+1)}{(4x^3+3)(x-2)}$；

（5）$\lim\limits_{x\to 3}\frac{x^2-9}{x^3-27}$；

（6）$\lim\limits_{x\to 4}\frac{8-2x}{x^2-4x}$；

（7）$\lim\limits_{x\to 1}\left(\frac{x}{x-1}-\frac{2}{x^2-1}\right)$；

（8）$\lim\limits_{x\to\infty}(\sqrt{x^2+1}-\sqrt{x^2-1})$；

（9）$\lim\limits_{x\to\infty}\frac{4x^3-2x^2+x}{3x^2+2x}$；

（10）$\lim\limits_{x\to 4}\frac{\sqrt{2x+1}-3}{\sqrt{x-2}-\sqrt{2}}$.

2. 若 $\lim\limits_{x\to\infty}\left(\frac{x^2+1}{x+1}-ax-b\right)=0$，求 a、b 的值.

3. 若 $\lim\limits_{x\to 1}\frac{x^2+ax+b}{1-x}=4$，求 a、b 的值.

1.6　重要极限与无穷小的比较

在极限运算中，有两个重要的极限，它对高等数学的研究有着非常重要的作用和意义，本节将对这两个重要极限加以说明并灵活运用，以解决相应的实际问题.

1.6.1　两个重要极限

1. 函数极限的判别定理

为了导出后面即将介绍的两个重要极限，先介绍两个判定极限存在的准则.

准则 1（夹逼定理）　如果函数 $f(x)$、$g(x)$、$h(x)$ 在同一变化过程中满足 $g(x) \leqslant f(x) \leqslant h(x)$，且 $\lim g(x) = A, \lim h(x) = A$，那么 $\lim f(x)$ 存在且等于 A.

准则 2（单调有界准则）　单调有界数列必有极限.

2. 第一个重要极限 $\lim\limits_{x \to 0} \dfrac{\sin x}{x} = 1$ 或 $\lim\limits_{x \to 0} \dfrac{x}{\sin x} = 1$

该极限的特征是

（1）$\dfrac{0}{0}$ 型未定式；

（2）无穷小的正弦与自身的比，即 $\dfrac{\sin\square}{\square}$，分母、分子方框中的变量形式相同，且都是无穷小.

例 1　求 $\lim\limits_{x \to 0} \dfrac{\sin kx}{x}$.

解　原式$= \lim\limits_{x \to 0} \dfrac{\sin kx}{x} = \lim\limits_{x \to 0} \left(\dfrac{\sin kx}{kx} \cdot k \right) = k \lim\limits_{x \to 0} \dfrac{\sin kx}{kx} = k$

例 2　求 $\lim\limits_{x \to 0} \dfrac{\tan x}{x}$.

解　原式$= \lim\limits_{x \to 0} \dfrac{\tan x}{x} = \lim\limits_{x \to 0} \dfrac{\frac{\sin x}{\cos x}}{x} = \lim\limits_{x \to 0} \left(\dfrac{\sin x}{x} \cdot \dfrac{1}{\cos x} \right) = \lim\limits_{x \to 0} \dfrac{\sin x}{x} \cdot \lim\limits_{x \to 0} \dfrac{1}{\cos x} = 1$

例 3　求 $\lim\limits_{x \to \infty} x \sin \dfrac{1}{x}$.

解　原式$= \lim\limits_{x \to \infty} x \sin \dfrac{1}{x} = \lim\limits_{x \to \infty} \dfrac{\sin \frac{1}{x}}{\frac{1}{x}} = 1$

例 4　求 $\lim\limits_{x \to 0} \dfrac{\arcsin x}{x}$.

解　设 $t = \arcsin x$, 则 $x = \sin t$, 当 $x \to 0$ 时, $t = \arcsin x \to 0$，于是

$$\lim_{x\to 0}\frac{\arcsin x}{x}=\lim_{t\to 0}\frac{t}{\sin t}=1$$

例 5　求 $\lim\limits_{x\to 0}\dfrac{1-\cos x}{x^2}$.

解　原式$=\lim\limits_{x\to 0}\dfrac{2\sin^2\dfrac{x}{2}}{x^2}=\lim\limits_{x\to 0}\dfrac{2\sin^2\dfrac{x}{2}}{4\left(\dfrac{x}{2}\right)^2}=\dfrac{1}{2}\lim\limits_{x\to 0}\left(\dfrac{\sin\dfrac{x}{2}}{\dfrac{x}{2}}\right)^2=\dfrac{1}{2}\left(\lim\limits_{x\to 0}\dfrac{\sin\dfrac{x}{2}}{\dfrac{x}{2}}\right)^2=\dfrac{1}{2}$

例 6　求 $\lim\limits_{x\to 0}\dfrac{\tan x-\sin x}{x^3}$.

解　原式$=\lim\limits_{x\to 0}\dfrac{\tan x(1-\cos x)}{x^3}=\lim\limits_{x\to 0}\dfrac{\tan x}{x}\lim\limits_{x\to 0}\dfrac{1-\cos x}{x^2}=1\bullet\dfrac{1}{2}=\dfrac{1}{2}$

3. 第二个重要极限 $\lim\limits_{x\to\infty}\left(1+\dfrac{1}{x}\right)^x=\mathrm{e}$ 或 $\lim\limits_{x\to 0}(1+x)^{\frac{1}{x}}=\mathrm{e}$

该极限的特征是

（1）1^∞ 型未定式；

（2）$(1+无穷小)^{无穷大}$，即 $(1+\square)^{\frac{1}{\square}}$，两处方框中的变量形式相同，且都是无穷小.

例 1　求 $\lim\limits_{x\to\infty}\left(1+\dfrac{k}{x}\right)^x$.

解　原式$=\lim\limits_{x\to\infty}\left(1+\dfrac{k}{x}\right)^x=\lim\limits_{x\to\infty}\left(1+\dfrac{k}{x}\right)^{\frac{x}{k}\bullet k}=\lim\limits_{x\to\infty}\left(\left(1+\dfrac{k}{x}\right)^{\frac{x}{k}}\right)^k=\left(\lim\limits_{x\to\infty}\left(1+\dfrac{k}{x}\right)^{\frac{x}{k}}\right)^k=\mathrm{e}^k$

例 2　求 $\lim\limits_{n\to\infty}\left(1+\dfrac{1}{n}\right)^{n+2}$.

解　原式$=\lim\limits_{n\to\infty}\left[\left(1+\dfrac{1}{n}\right)^n\bullet\left(1+\dfrac{1}{n}\right)^2\right]=\lim\limits_{n\to\infty}\left(1+\dfrac{1}{n}\right)^n\bullet\lim\limits_{n\to\infty}\left(1+\dfrac{1}{n}\right)^2=\mathrm{e}\bullet 1=\mathrm{e}$

例 3　求 $\lim\limits_{x\to\infty}\left(\dfrac{4+x}{1+x}\right)^x$.

解　原式$=\lim\limits_{x\to\infty}\left(\dfrac{4+x}{1+x}\right)^x=\lim\limits_{x\to\infty}\left(\dfrac{1+x+3}{1+x}\right)^x=\lim\limits_{x\to\infty}\left(1+\dfrac{3}{1+x}\right)^x=\lim\limits_{x\to\infty}\left(1+\dfrac{3}{1+x}\right)^{\frac{1+x}{3}\bullet\frac{3x}{1+x}}$

$$=\lim_{x\to\infty}\left(\left(1+\frac{3}{1+x}\right)^{\frac{1+x}{3}}\right)^{\frac{3x}{1+x}}=\lim_{x\to\infty}\mathrm{e}^{\frac{3x}{1+x}}=\mathrm{e}^{\lim\limits_{x\to\infty}\frac{3x}{1+x}}=\mathrm{e}^3$$

例 4　求 $\lim\limits_{x\to\infty}\left(1-\dfrac{1}{x}\right)^{\sqrt{x}}$.

解 原式$=\lim\limits_{x\to\infty}\left(1-\frac{1}{x}\right)^{\sqrt{x}}=\lim\limits_{x\to\infty}\left(1-\frac{1}{x}\right)^{-x\cdot\frac{\sqrt{x}}{-x}}=\lim\limits_{x\to\infty}\left(\left(1-\frac{1}{x}\right)^{-x}\right)^{\frac{\sqrt{x}}{-x}}$

$$=\lim_{x\to\infty}\mathrm{e}^{\frac{\sqrt{x}}{-x}}=\mathrm{e}^{\lim\limits_{x\to\infty}\frac{\sqrt{x}}{-x}}=\mathrm{e}^{0}=1$$

4. 连续复利

设一笔贷款 A_0（称本金），年利率为 r，则一年后的本利和是 $A_1=A_0(1+r)$，2 年后的本利和是 $A_2=A_0(1+r)^2$，k 年后的本利和是 $A_k=A_0(1+r)^k$.

如果一年分为 n 期计息，则每期利率为 $\frac{r}{n}$，且前一期的本利和为后一期的本金，于是一年后的本利和是 $A_1=A_0\left(1+\frac{r}{n}\right)^n$，$k$ 年后的本利和是 $A_k=A_0\left(1+\frac{r}{n}\right)^{nk}$.

当计息期数 $n\to\infty$ 时，即利息随时计入本金（称为连续复利），k 年后的本利和是
$$A_k=\lim_{n\to\infty}A_0\left(1+\frac{r}{n}\right)^{nk}=A_0\lim_{n\to\infty}\left(1+\frac{r}{n}\right)^{\frac{n}{r}\cdot rk}=A_0\lim_{n\to\infty}\left(\left(1+\frac{r}{n}\right)^{\frac{n}{r}}\right)^{rk}=A_0\mathrm{e}^{rk}.$$

例如 小孩出生以后，父母拿出 A_0 元作为初始投资，希望到孩子 20 岁生日时增长到 100 000 元，如果投资按 8% 的连续复利计算，则初始投资应该是多少？

解 利用上述公式：$A_k=A_0\mathrm{e}^{rk}$，则有 $100\,000=A_0\mathrm{e}^{0.08\times 20}$，则可得 $A_0\approx 20\,189.65$. 即父母现在必须存储 20 189.65 元，到孩子 20 岁生日时才能增长到 100 000 元.

1.6.2 无穷小的比较

自变量在同一变化过程中的两个无穷小的和、差、积都是无穷小，那么两个无穷小的商是不是无穷小呢？本节段将对无穷小的商进行讨论和研究.

1. 无穷小的比较

定义 1 设函数 $f(x)$、$g(x)$ 是自变量在同一变化过程中的两个无穷小，且 $g(x)\neq 0$，

（1）若 $\lim\frac{f(x)}{g(x)}=0$，则称 $f(x)$ 为比 $g(x)$ 高阶的无穷小.

（2）若 $\lim\frac{f(x)}{g(x)}=c\neq 0$，则称 $f(x)$ 为与 $g(x)$ 同阶的无穷小.

特别地，当 $c=1$ 时，则称 $f(x)$ 与 $g(x)$ 等阶无穷小或者等价无穷小.

记作：$f(x)\sim g(x)\ (x\to 0)$.

（3）当 $\lim\frac{f(x)}{g(x)}=\infty$，则称 $f(x)$ 为比 $g(x)$ 低阶的无穷小.

例 1 当 $x\to 0$ 时，哪些函数是无穷小？并比较它们之间的关系.

（1）$y=\sin x$；（2）$y=x$；（3）$y=\cos x$；（4）$y=2x$；（5）$y=x^2$.

解 上述（1）、（2）、（4）、（5）是无穷小.

其中（1）与（2）比较得：$\lim\limits_{x\to 0}\dfrac{\sin x}{x}=1$，所以（1）与（2）等阶无穷小；

（4）与（5）比较得：$\lim\limits_{x\to 0}\dfrac{2x}{x^2}=\infty$，所以（4）是比（5）低阶的无穷小；

（2）与（4）比较得：$\lim\limits_{x\to 0}\dfrac{x}{2x}=\dfrac{1}{2}$，所以（2）是与（4）同阶的无穷小.

2. 等价无穷小替换

等价无穷小对极限的计算有重大作用.

定理 1　设$\alpha\sim\alpha',\beta\sim\beta'$，且$\lim\dfrac{\alpha'}{\beta'}$存在，则$\lim\dfrac{\alpha}{\beta}=\lim\dfrac{\alpha'}{\beta'}$.

注：（1）此定理表明，在计算两个无穷小之比的极限时，分子或分母的无穷小因子都可以用它的等价无穷小来替换，若替换得当，可简化计算过程.

（2）常用的等价无穷小：当$x\to 0$时，有$\sin x\sim x,\tan x\sim x,\arcsin x\sim x$，$\arctan x\sim x$，$\ln(1+x)\sim x,1-\cos x\sim\dfrac{x^2}{2},\mathrm{e}^x-1\sim x,a^x-1\sim x\ln a,(1+\alpha x)^{\frac{1}{n}}-1\sim\dfrac{\alpha x}{n}$.

例 1　求$\lim\limits_{x\to 0}\dfrac{\tan 3x}{\sin x}$.

解　$x\to 0$时，$\tan 3x\sim 3x,\sin x\sim x$.

所以$\lim\limits_{x\to 0}\dfrac{\tan 3x}{\sin x}=\lim\limits_{x\to 0}\dfrac{3x}{x}=3$.

例 2　求$\lim\limits_{x\to 0}\dfrac{1-\cos x^2}{x^2\sin^2 x}$.

解　$x\to 0$时，$1-\cos x^2\sim\dfrac{x^4}{2},\sin x\sim x$.

所以$\lim\limits_{x\to 0}\dfrac{1-\cos x^2}{x^2\sin^2 x}=\lim\limits_{x\to 0}\dfrac{\frac{x^4}{2}}{x^4}=\dfrac{1}{2}$.

例 3　求$\lim\limits_{x\to 0}\dfrac{\ln(1+x^2)(\mathrm{e}^x-1)}{(1-\cos x)(\sin x)}$.

解　$x\to 0$时，$\ln(1+x^2)\sim x^2,\mathrm{e}^x-1\sim x,1-\cos x\sim\dfrac{x^2}{2},\sin x\sim x$.

所以$\lim\limits_{x\to 0}\dfrac{\ln(1+x^2)(\mathrm{e}^x-1)}{(1-\cos x)(\sin x)}=\lim\limits_{x\to 0}\dfrac{x^2\cdot x}{\frac{x^2}{2}\cdot x}=2$.

例 4　求$\lim\limits_{x\to 0}\dfrac{\tan x-\sin x}{\sin^3 x}$.

解　$x\to 0$时，$1-\cos x\sim\dfrac{x^2}{2},\sin x\sim x,\tan x\sim x$.

所以$\lim\limits_{x\to 0}\dfrac{\tan x-\sin x}{\sin^3 x}=\lim\limits_{x\to 0}\dfrac{\tan x(1-\cos x)}{\sin^3 x}=\lim\limits_{x\to 0}\dfrac{x\cdot\dfrac{x^2}{2}}{x^3}=\dfrac{1}{2}$.

注： 用等价无穷小替换求极限较为简便，但只能用于乘积与商，不能用于和差.

比如例 4 中，不能这样做，$\lim\limits_{x\to 0}\dfrac{\tan x-\sin x}{\sin^3 x}=\lim\limits_{x\to 0}\dfrac{x-x}{x^3}=0$.

习 题 1.6

1. 计算下列各极限：

（1）$\lim\limits_{x\to 0}\dfrac{\sin 2x}{x}$；　　（2）$\lim\limits_{x\to 0}\dfrac{\sin 4x}{\sin 6x}$；

（3）$\lim\limits_{x\to\infty}\left(1-\dfrac{2}{x}\right)^{4x}$；　　（4）$\lim\limits_{x\to\infty}\left(\dfrac{2x-1}{2x+1}\right)^{4x}$.

2. 求下列极限：

（1）$\lim\limits_{x\to 0}\dfrac{\sin 4x\arctan x}{1-\cos x}$；　　（2）$\lim\limits_{x\to 0}\dfrac{\arcsin 2x}{e^x-1}$；

（3）$\lim\limits_{x\to 0}\dfrac{(1+2x^2)^{\frac{1}{3}}-1}{\cos x-1}$；　　（4）$\lim\limits_{x\to 0}\dfrac{1-\cos 2x}{x\sin 2x}$.

3. 当$x\to 0$时，比较下列函数的关系：

（1）$\ln(1-x)$与x；（2）$\sin 2x$与$e^{2x}-1$；（3）$1-\cos x$与$2x$.

4. 若$\lim\limits_{x\to 1}\dfrac{x^2-ax+b}{\sin(x^2-1)}=3$，求$a$、$b$的值.

1.7　函数的连续与间断

前面学习了数列的极限和函数的极限，通过极限理论进一步考查函数的变化关系，可以发现，在自然界中有许多现象，如植物的生长、气温的变化、河水的流动等都是连续变化的.就气温的变化来看，当时间变化很微小时，气温的变化也是很微小的，这种现象在函数关系上的反映就是函数的连续性.本节主要讨论连续函数的概念和间断的概念及其分类.

1.7.1　函数的连续性

1. 函数连续性的概念

定义 1　设函数$y=f(x)$在点x_0的某一领域内有定义，如果$\lim\limits_{\Delta x\to 0}\Delta y=\lim\limits_{\Delta x\to 0}[f(x_0+\Delta x)-f(x_0)]=0$，则称函数$y=f(x)$在点$x_0$处连续.

显然，若果函数$y=f(x)$在点x_0的某一领域内有定义，那么函数$y=f(x)$在点x_0处连续的充分必要条件是$\lim\limits_{x\to x_0}f(x)=f(x_0)$.

定义 2　函数 $y=f(x)$ 在点 x_0 处连续应满足的条件：

（1）函数 $y=f(x)$ 在点 x_0 的某一领域内有定义；

（2）$\lim\limits_{x\to x_0} f(x)$ 存在；

（3）$\lim\limits_{x\to x_0} f(x)=f(x_0)$.

定义 3　如果 $\lim\limits_{x\to x_0^-} f(x)=f(x_0)$，则称函数 $y=f(x)$ 在点 x_0 处左连续；

如果 $\lim\limits_{x\to x_0^+} f(x)=f(x_0)$，则称函数 $y=f(x)$ 在点 x_0 处右连续.

定理 1　函数 $y=f(x)$ 在点 x_0 处连续的充分必要条件是函数 $y=f(x)$ 在点 x_0 处既左连续又右连续.

例 1　讨论函数 $f(x)=\begin{cases}3x-1, x>1,\\ 4, x=1,\\ x^2-2x+1, x<1\end{cases}$ 在 $x=1$ 处的连续性.

解　因为 $f(1^-)=\lim\limits_{x\to 1^-}(x^2-2x+1)=0, f(1^+)=\lim\limits_{x\to 1^+}(3x-1)=2, f(1)=4$，所以函数 $f(x)$ 在 $x=1$ 处不连续.

例 2　已知函数 $f(x)=\begin{cases}2\cos(x-2), x>2,\\ a+3x^2, x\leqslant 2\end{cases}$ 在 $x=2$ 处连续，求 a 的值.

解　因为 $f(2^-)=\lim\limits_{x\to 2^-}(a+3x^2)=a+12, f(2^+)=\lim\limits_{x\to 2^+}2\cos(x-2)=2,$ 又因为函数 $f(x)$ 在 $x=2$ 处连续，所以 $f(2^-)=f(2^+)$. 即得到 $a+12=2, a=-10$.

1.7.2　函数的间断点及其分类

1. 函数的间断点

定义 4　设函数 $y=f(x)$ 在点 x_0 的某一空心领域内有定义，且函数 $y=f(x)$ 在点 x_0 处不连续，则称函数 $f(x)$ 在点 x_0 处间断，称点 x_0 为函数 $f(x)$ 的间断点或不连续点.

注：由于函数连续需要满足三个条件，因此只要有一个条件不满足就是间断的，即得到数 $f(x)$ 在点 x_0 处间断的三种情形：

（1）函数 $y=f(x)$ 在点 x_0 处没有定义；

（2）$\lim\limits_{x\to x_0} f(x)$ 不存在；

（3）$\lim\limits_{x\to x_0} f(x)\neq f(x_0)$.

例 3　讨论函数 $f(x)=\dfrac{x^2-4}{x-2}$ 在 $x=2$ 处的连续性.

解　因为函数 $f(x)=\dfrac{x^2-4}{x-2}$ 在 $x=2$ 处没有定义，则 $x=2$ 是函数 $f(x)=\dfrac{x^2-4}{x-2}$ 的间断点，但此时函数 $\lim\limits_{x\to 2}\dfrac{x^2-4}{x-2}=\lim\limits_{x\to 2}(x+2)=4$，即 $\lim\limits_{x\to 2}f(x)=4$，极限存在.

例 4 讨论函数 $f(x)=\begin{cases}2x^2+3x-1, x>1,\\ 4, x=1,\\ -x^2+x+2, x<1\end{cases}$ 在 $x=1$ 处的连续性.

解 因为 $f(1)=4$，所以在 $x=1$ 处有定义，又因为 $f(1^-)=\lim\limits_{x\to1^-}(-x^2+x+2)=2,\ f(1^+)=\lim\limits_{x\to1^+}(2x^2+3x-1)=4$，所以函数 $f(x)$ 在 $x=1$ 处不连续，但是右连续.

例 5 讨论函数 $f(x)=\begin{cases}x^2-2x-1, x>2,\\ 3, x=2,\\ x^2+x-7, x<2\end{cases}$ 在 $x=2$ 处的连续性.

解 因为 $f(2)=3$，所以在 $x=2$ 处有定义，又因为 $f(2^-)=\lim\limits_{x\to2^-}(x^2+x-7)=-1, f(2^+)=\lim\limits_{x\to2^+}(x^2-2x-1)=-1$，所以函数 $f(x)$ 在 $x=2$ 处不连续.

例 6 讨论函数 $f(x)=\begin{cases}\dfrac{2}{x}+4, x>0,\\ 3x-1, x\leqslant 0\end{cases}$ 在 $x=0$ 处的连续性.

解 因为 $f(0^-)=\lim\limits_{x\to0^-}(3x-1)=-1, f(0^+)=\lim\limits_{x\to0^+}\left(\dfrac{2}{x}+4\right)=\infty$，所以函数 $f(x)$ 在 $x=0$ 处不连续.

例 7 讨论函数 $f(x)=\cos\dfrac{1}{x}$ 在 $x=0$ 处的连续性.

解 因为函数 $f(x)=\cos\dfrac{1}{x}$ 在 $x=0$ 处无定义，故 $x=0$ 是函数 $f(x)$ 的间断点.

当 $x\to0$ 时，函数值在-1 与 1 之间无限次地变动，故 $\lim\limits_{x\to0}\cos\dfrac{1}{x}$ 不存在，称 $x=0$ 是函数 $f(x)=\cos\dfrac{1}{x}$ 的振荡间断点.

2. 函数间断点的分类

从上面的例题当中，函数的间断点我们可以总结成两类：

第一类间断点：如果 x_0 为函数 $f(x)$ 的间断点，在 x_0 处的左右极限都存在，则称为第一类间断点；其中如果在 x_0 处的左右极限相等，则称为可去间断点；如果在 x_0 处的左右极限不相等，则称为跳跃间断点.

第二类点断点：如果 x_0 为函数 $f(x)$ 的间断点，在 x_0 处的左右极限不都存在，则称为第二类间断点.其中如果在 x_0 处的左右极限至少有一个算得无穷，则称为无穷间断点；如果在 x_0 处的左右极限至少有一个不存在，则称为振荡间断点.

习 题 1.7

1. 指出下列函数的间断点及其类型：

（1）$y=\dfrac{1}{x-1}$；（2）$y=\dfrac{2-x}{x^2-4}$；

（3）$y=\dfrac{1}{x^2-2x-3}$；（4）$f(x)=\begin{cases}3x-2, x>1,\\4x+1, x\leqslant 1;\end{cases}$

（5）$f(x)=\begin{cases}8-3x, x<1,\\5, x=1,\\2x+3, x>1;\end{cases}$（6）$f(x)=\begin{cases}2-x+x^2, x<2,\\3, x=2,\\x^2-2x+3, x>2.\end{cases}$

2. 讨论下列函数在 $x=0$ 处的连续性：

（1）$f(x)=\begin{cases}\dfrac{\sin x}{x}, x<0,\\0, x=0,\\x\sin\dfrac{1}{x}, x>0;\end{cases}$（2）$f(x)=\begin{cases}\dfrac{\sin 2x}{x}, x<0,\\1, x=0,\\\dfrac{\ln(1+2x)}{x}, x>0;\end{cases}$

（3）$f(x)=\begin{cases}x\sin\dfrac{1}{x}, x\neq 0,\\1, x=0.\end{cases}$

3.若函数 $f(x)=\begin{cases}ax+1, |x|\leqslant 1,\\x^2+x+b, |x|>1\end{cases}$ 在其定义域内都是连续的，求 a、b 的值.

1.8　连续函数的运算与性质

在闭区间上连续函数有一些重要性质，它们可以作为分析和论证某些问题时的理论根据，这些性质的几何意义非常明显，我们均不给予证明.

1.8.1　连续函数的运算法则

1. 连续函数的四则运算

定理 1　如果函数 $f(x)$ 与 $g(x)$ 在点 x_0 处连续，则 $f(x)\pm g(x)$、$f(x)g(x)$、$\dfrac{f(x)}{g(x)}$（当 $g(x_0)\neq 0$ 时）都在点 x_0 处连续.

定理 2　设函数 $y=f(g(x))$ 是由 $y=f(u)$ 与 $u=g(x)$ 复合而成的，若 $y=f(u)$ 在点 u_0 处连续，$u=g(x)$ 在点 x_0 处连续，且 $u_0=g(x_0)$，则复合函数 $y=f(g(x))$ 在点 x_0 处连续.

定理 3　设函数 $y=f(x)$ 在区间 D_x 上单调增加（或单调减少）且连续，则它的反函数 $x=f^{-1}(y)$ 也在对应的区间 $D_y=\{y\,|\,y=f(x), x\in D_x\}$ 上单调增加（或单调减少）且连续.

定理 4　基本初等函数在它们的定义域内都是连续的.

定理 5　一切初等函数在其定义区间内都是连续的.

例 1　求 $\lim\limits_{x\to 1}\dfrac{e^{2x}}{1+3x}$.

解 因为$y=\dfrac{e^{2x}}{1+3x}$是初等函数，且$x_0=1$是其定义区间内的点，所以$\lim\limits_{x\to1}\dfrac{e^{2x}}{1+3x}=\dfrac{e^2}{1+3}=\dfrac{e^2}{4}$.

1.8.2 闭区间连续函数的性质

闭区间上连续函数有以下重要性质，这些性质在后面的学习中会经常用到，由于这些性质的证明要用到实数理论，因而将严格的证明略去.

定理 6（最大最小值定理） 连续函数在闭区间上一定存在最大值和最小值.

定理 7（有界性定理） 连续函数在闭区间上一定有界.

定理 8（零点定理） 设函数$f(x)$在闭区间$[a,b]$上连续，且$f(a)$与$f(b)$异号（即$f(a)f(b)<0$），则函数$f(x)$在开区间(a,b)内至少存在一点ξ，使得$f(\xi)=0$.

注：使得$f(x_0)=0$的点x_0称为函数$f(x)$的零点.

定理 9（介值定理） 如果函数$f(x)$在闭区间$[a,b]$上连续，m和M分别是函数$f(x)$在闭区间$[a,b]$上的最小值和最大值，则对于m与M之间的任意实数$c(m\leqslant c\leqslant M)$，至少存在一点$\xi\in(a,b)$，使得$f(\xi)=c$.

推论 1 连续函数在闭区间上的函数值必取得介于最小值m与最大值M之间的任何值.

例 1 证明方程$x^3+3x^2=1$在区间$(0,1)$内至少有一个实数根.

证明 设$f(x)=x^3+3x^2-1$，它是初等函数，在闭区间$[0,1]$上连续.

因为$f(0)=-1<0, f(1)=1+3-1=3>0$，即$f(0)f(1)<0$，所以根据零点定理可得：方程$x^3+3x^2=1$在区间$(0,1)$内至少有一个实数根.

例 2 设函数$f(x)$在$[a,b]$上连续，且$f(a)<a, f(b)>b$，则在(a,b)内至少有一点ξ，使得$f(\xi)=\xi$.

解 设函数$F(x)=f(x)-x$，它是初等函数，在闭区间$[a,b]$上连续，由已知条件可得：$F(a)=f(a)-a<0, F(b)=f(b)-b>0$，即$F(a)F(b)<0$，所以根据零点定理可得：在$(a,b)$内至少有一点$\xi$，使得$F(\xi)=0$，即$f(\xi)-\xi=0$，从而得到$f(\xi)=\xi$.

例 3 证明方程$x^5-4x^2+1=0$在区间$(0,1)$内至少有一个实数根.

证明 设$f(x)=x^5-4x^2+1$，它是初等函数，在闭区间$[0,1]$上连续.

因为$f(0)=1>0, f(1)=1-4+1=-2<0$，即$f(0)f(1)<0$，所以根据零点定理可得：方程$x^5-4x^2+1=0$在区间$(0,1)$内至少有一个实数根.

习 题 1.8

1. 证明方程$x^5=3x+1$在$(1,2)$内至少存在一个实数根.
2. 证明方程$x=a\sin x+b$，其中$a>0,b>0$，至少有一个正根，并且它不超过$a+b$.
3. 证明方程$\ln x=x-e$在$(1,e^2)$内必有实根.
4. 证明方程$\sin x+x+1=0$在$\left(-\dfrac{\pi}{2},\dfrac{\pi}{2}\right)$内至少有一个实根.

复习题一

1. 选择题.

（1）函数 $y=\dfrac{1}{\sqrt{1-x^2}}+\arcsin\left(\dfrac{x}{2}-1\right)$ 的定义域是（　　）.

A. $(-1,1)$　　B. $[0,4]$　　C. $[0,1)$　　D. $[0,1]$

（2）函数 $f(x)=x\sin x$ 是（　　）.

A. 奇函数　　B. 偶函数

C. 非奇非偶函数　　D. 既奇又偶函数

（3）下列各对函数中相同的是（　　）.

A. $f(x)=x, g(x)=\sqrt{x^2}$　　B. $f(x)=\ln x^2, g(x)=2\ln x$

C. $f(x)=x+1, g(x)=\dfrac{x^2-1}{x-1}$　　D. $f(x)=\sqrt{x^2}, g(x)=|x|$

（4）函数 $y=\ln(x-1)$ 在区间（　　）内有界.

A. $(1,2)$　　B. $(2,3)$　　C. $(1,+\infty)$　　D. $(2,+\infty)$

（5）当 $x\to1$ 时，$\sin(x^2-1)$ 与 $x-1$ 比较是（　　）.

A. 高阶无穷小　　B. 低阶无穷小　　C. 等阶无穷小　　D. 同阶无穷小

（6）当 $x\to\infty$ 时，若 $\dfrac{1}{ax^2+bx+c}\sim\dfrac{1}{x+1}$，则 a、b、c 的值为（　　）.

A. $a=0,b=0,c=1$　　B. $a=0,b=1,c$ 为任意常数

C. $a=0,b$、c 为任意常数　　D. a、b、c 为任意常数

（7）设函数 $f(x)=\begin{cases}e^x, x<0,\\ 2x+a, x\geqslant 0\end{cases}$ 在 $\mathbf{R}$ 上连续，则 $a=$（　　）.

A. 0　　B. 2　　C. -1　　D. 1

（8）设 $\lim\limits_{x\to\infty}\left(1+\dfrac{k}{x}\right)^{2x}=e$，则 $k=$（　　）.

A. 1　　B. $\dfrac{1}{2}$　　C. 2　　D. 4

（9）当 $x\to a$ 时，$f(x)$ 是（　　），则必有 $\lim\limits_{x\to a}(x-a)f(x)=0$.

A. 任意函数　　B. 无穷小或有界函数

C. 无穷大　　D. 无界函数

（10）函数 $f(x)=\dfrac{x^2-1}{x^2-x-2}$ 的间断点的个数是（　　）.

A. 0　　B. 1　　C. 2　　D. 3

2. 填空题.

（1）函数 $f(x)=\dfrac{\ln(1-x)}{\sqrt{2+x}}$ 的定义域是________.

（2）$\lim\limits_{x\to\infty}\dfrac{(x-1)(x+2)(5x+3)}{5x^3}=$________.

（3）$\lim\limits_{x\to\infty}\left(\dfrac{x-1}{x+1}\right)^{2x}=$________.

（4）如果 $\lim\limits_{x\to 0}\dfrac{4x}{\sin ax}=1$，则 $a=$________.

（5）若 $\lim\limits_{x\to 1}\dfrac{x^2+x+k}{x-1}=3$，则 $k=$________.

（6）$\lim\limits_{x\to 2}\ln(x-1)\cos\dfrac{1}{x-2}=$________.

（7）若 $\lim\limits_{x\to 2}\dfrac{x^2+ax+b}{2-x}=-5$，则 $a=$________，$b=$________.

（8）$\lim\limits_{x\to 1}\dfrac{x^2-1}{x^2-x}=$________.

（9）若 $\lim\limits_{x\to\infty}\dfrac{3x^k+2x+1}{4x^3+3x-2}=\dfrac{3}{4}$，则 $k=$________.

（10）$\lim\limits_{x\to 0}\dfrac{\sqrt{x+1}-1}{\sin 2x}=$________.

3. 求下列函数的极限：

（1）$\lim\limits_{x\to -2}(x^3-2x+3x^2+4)$；

（2）$\lim\limits_{x\to\infty}\dfrac{3x^2-x-1}{x^2+1}$；

（3）$\lim\limits_{x\to 2}\dfrac{x^2-2x}{x^2-x-2}$；

（4）$\lim\limits_{x\to 0}\dfrac{x^3-3x}{x^2+x}$；

（5）$\lim\limits_{x\to 1}\left(\dfrac{3}{1-x^3}-\dfrac{1}{1-x}\right)$；

（6）$\lim\limits_{x\to\infty}\dfrac{x+2}{x^2-3}\cos\left(2x-\dfrac{\pi}{6}\right)$；

（7）$\lim\limits_{x\to 0}\dfrac{\tan 3x}{2x}$；

（8）$\lim\limits_{x\to\infty}\left(1-\dfrac{3}{2x}\right)^{4x}$；

（9）$\lim\limits_{x\to 0}\dfrac{\ln(1+2x)}{\sin 4x}$；

（10）$\lim\limits_{x\to 0}\dfrac{x\arcsin x\sin\dfrac{1}{x}}{\sin x}$.

4. 设函数 $f(x)=\begin{cases}\dfrac{\sin 2x}{x}, x<0,\\ k, x=0,\\ \dfrac{\ln(1+2x)}{x}, x>0\end{cases}$ 在 $x=0$ 处连续，求 k.

5. 若$\lim\limits_{x\to 1}\dfrac{x^2+ax+b}{\sin(x^2-1)}=3$，求 a、b 的值.

6. 证明方程$4x-2^x=0$在$\left(0,\dfrac{1}{2}\right)$内至少有一个实根.

7. 讨论函数$f(x)=\begin{cases}3x-x^2, x>2,\\ 4, x=2, \\ 2x-2, x<2\end{cases}$ 在$x=2$处的连续性；若不连续，判断其间断点的类型.

第二章

导数、微分及导数的应用

这章将利用极限的思想方法，给出高等数学中的两个重要的概念——导数和微分. 导数和微分是微积分的基础，它们在科学和工程技术等各领域有着极其广泛的应用. 在解决实际问题时，除了需要了解变量之间的函数关系之外，有时还需要研究变量之间变化快慢的程度. 例如，物体运动的速度、传染病的扩散速度、火灾的蔓延速度、放射性元素衰变速度等. 引入导数的概念后，可以更好地反映函数相对于自变量的改变而引起自身改变的快慢程度，即函数的变化率. 微分则是从微观角度表示了在自变量发生微小变化时，函数大体上的变化程度.

本章我们主要讨论导数与微分的概念、计算方法和应用.

2.1 导数的概念

导数的概念是微分学中的一个基本概念，由于它与某些实际问题密切相关，因此在讲导数概念之前，我们先看看两个引例.

2.1.1 引例

例 1 瞬时速度.

设物体做匀速直线运动，则其运动方程是： $S=vt$ （v 是速度，t 是时间，S 是路程）.

若物体做变速直线运动的方程是 $S=S(t)$ ，试确定物体在某一时刻 t_0 的瞬时速度.

这个问题我们可以这样来处理：

（1）当时间从 t_0 开始，经过一段时间之后，物体所经过的路程是 $\Delta S=S(t_0+\Delta t)-S(t_0)$.

（2）求 Δt 这段时间内的平均速度： $\overline{v}=\dfrac{\Delta S}{\Delta t}=\dfrac{S(t_0+\Delta t)-S(t_0)}{\Delta t}$.

（3）当$\Delta t \to 0$，$\overline{v} \to v_{t_0}$（在时刻t_0的瞬时速度），即$v_{t_0} = \lim\limits_{\Delta t \to 0} \frac{\Delta S}{\Delta t} = \lim\limits_{\Delta t \to 0} \frac{S(t_0 + \Delta t) - S(t_0)}{\Delta t}$.

例 2　边际问题.

设某产品的总成本C是产量q的函数，即$C = f(q)$，当产量由q_0变到$q_0 + \Delta q$时，总成本相应的改变量是$\Delta C = f(q_0 + \Delta q) - f(q_0)$，则总成本的平均变化率是$\frac{\Delta C}{\Delta q} = \frac{f(q_0 + \Delta q) - f(q_0)}{\Delta q}$，如果极限存在，则称极限是产量为$q_0$时的总成本的变化率，又称边际成本.

例 3　切线问题.

设曲线$y = f(x)$上有两点$A(x_0, y_0)$、$B(x, y)$，则A、B两点就确定了一条直线，并且可以求得A、B两点确定的直线的斜率$k_{AB} = \frac{y - y_0}{x - x_0}$，但$B$点无限靠近$A$点时，此时$A$、$B$两点确定的直线斜率就是在$A$点处的斜线的斜率，即$k_{A切} = \lim\limits_{x \to x_0} \frac{y - y_0}{x - x_0} = \lim\limits_{\Delta x \to 0} \frac{f(x_0 + \Delta x) - f(x_0)}{\Delta x}$.

2.1.2　导数的定义

定义 1　设函数$y = f(x)$在点x_0的某一领域内有定义，$\Delta x = x - x_0, \Delta y = f(x) - f(x_0)$，当$\Delta x \to 0$时，极限$\lim\limits_{\Delta x \to 0} \frac{\Delta y}{\Delta x} = \lim\limits_{\Delta x \to 0} \frac{f(x_0 + \Delta x) - f(x_0)}{\Delta x} = \lim\limits_{x \to x_0} \frac{f(x) - f(x_0)}{x - x_0}$存在，则称函数$f(x)$在点$x_0$处可导，记作$y'\big|_{x=x_0}$　或$f'(x_0)$或$\frac{\mathrm{d}y}{\mathrm{d}x}\Big|_{x=x_0}$　或$\frac{\mathrm{d}f(x)}{\mathrm{d}x}\Big|_{x=x_0}$.

注：若极限不存在，则称函数$y = f(x)$在点x_0处不可导或导数不存在.

例 4　利用导数的定义求证$(x^2)' = 2x$.

解　设函数$f(x) = x^2$，

所以

$$\begin{aligned} f'(x) &= \lim_{\Delta x \to 0} \frac{f(x + \Delta x) - f(x)}{\Delta x} = \lim_{\Delta x \to 0} \frac{(x + \Delta x)^2 - x^2}{\Delta x} \\ &= \lim_{\Delta x \to 0} \frac{2x\Delta x + (\Delta x)^2}{\Delta x} = \lim_{\Delta x \to 0} (2x + \Delta x) = 2x \end{aligned}$$

例 5　已知函数$f(x) = x^2 - 2x + 3$，求$f'(x)$、$f'(2)$、$f'(3)$.

解

$$\begin{aligned} f'(x) &= \lim_{\Delta x \to 0} \frac{f(x + \Delta x) - f(x)}{\Delta x} = \lim_{\Delta x \to 0} \frac{(x + \Delta x)^2 - 2(x + \Delta x) + 3 - (x^2 - 2x + 3)}{\Delta x} \\ &= \lim_{\Delta x \to 0} \frac{2x\Delta x + (\Delta x)^2 - 2\Delta x}{\Delta x} = \lim_{\Delta x \to 0} (2x + \Delta x - 2) = 2x - 2 \end{aligned}$$

所以$f'(2) = 2 \times 2 - 2 = 2, f'(3) = 2 \times 3 - 2 = 4$.

2.1.3 导数的几何意义

由例 3 可知 $k_{A切}=\lim\limits_{\Delta x\to 0}\dfrac{f(x_0+\Delta x)-f(x_0)}{\Delta x}=f'(x_0)$，即导数在点 x_0 处的值就是函数 $f(x)$ 在该点处的切线的斜率.

根据导数的几何意义及直线的点斜式方程，很容易得到曲线 $y=f(x)$ 在点 $A(x_0,y_0)$ 处的切线的方程是 $y-y_0=f'(x_0)(x-x_0)$，法线的方程是 $y-y_0=\dfrac{-1}{f'(x_0)}(x-x_0)$.

例 6 求函数 $f(x)=\sqrt{x}$ 在点 $A(9,3)$ 处的切线方程和法线方程.

解 因为

$$\begin{aligned}f'(x)&=\lim_{\Delta x\to 0}\frac{f(x+\Delta x)-f(x)}{\Delta x}=\lim_{\Delta x\to 0}\frac{\sqrt{x+\Delta x}-\sqrt{x}}{\Delta x}\\&=\lim_{\Delta x\to 0}\frac{(\sqrt{x+\Delta x}-\sqrt{x})(\sqrt{x+\Delta x}+\sqrt{x})}{\Delta x(\sqrt{x+\Delta x}+\sqrt{x})}\\&=\lim_{\Delta x\to 0}\frac{\Delta x}{\Delta x(\sqrt{x+\Delta x}+\sqrt{x})}=\lim_{\Delta x\to 0}\frac{1}{\sqrt{x+\Delta x}+\sqrt{x}}=\frac{1}{2\sqrt{x}}\end{aligned}$$

所以

$$k_{切}=f'(9)=\frac{1}{2\sqrt{9}}=\frac{1}{6}$$

得到函数 $f(x)=\sqrt{x}$ 在点 $A(9,3)$ 处的切线方程为：$y-3=\dfrac{1}{6}(x-9)$，即 $y=\dfrac{1}{6}x+\dfrac{3}{2}$；

得到函数 $f(x)=\sqrt{x}$ 在点 $A(9,3)$ 处的法线方程为：$y-3=-6(x-9)$，即 $y=-6x+57$.

2.1.4 可导与连续的关系

1. *左导数与右导数*

定义 2 设函数 $y=f(x)$ 在点 x_0 的左侧有定义，当 $\lim\limits_{x\to x_0^-}\dfrac{f(x)-f(x_0)}{x-x_0}$ 存在时，则称函数 $y=f(x)$ 在点 x_0 处左导数存在，记作 $f'_-(x_0)=\lim\limits_{x\to x_0^-}\dfrac{f(x)-f(x_0)}{x-x_0}$.

定义 3 设函数 $y=f(x)$ 在点 x_0 的右侧有定义，当 $\lim\limits_{x\to x_0^+}\dfrac{f(x)-f(x_0)}{x-x_0}$ 存在时，则称函数 $y=f(x)$ 在点 x_0 处右导数存在，记作 $f'_+(x_0)=\lim\limits_{x\to x_0^+}\dfrac{f(x)-f(x_0)}{x-x_0}$.

定理 1 函数 $y=f(x)$ 在点 x_0 处可导的充分必要条件是函数 $y=f(x)$ 在点 x_0 处的左右导数存在并且相等.

例 7 判断函数 $f(x)=\begin{cases}2x-1, x>1,\\-x^2+2, x\leqslant 1\end{cases}$ 在点 $x=1$ 处是否可导.

解　因为 $f'_-(1)=\lim\limits_{x\to1^-}\dfrac{f(x)-f(1)}{x-1}=\lim\limits_{x\to1^-}\dfrac{(-x^2+2)-(-1+2)}{x-1}=\lim\limits_{x\to1^-}\dfrac{-x^2+1}{x-1}$

$$=\lim_{x\to1^-}\frac{-(x+1)(x-1)}{x-1}=\lim_{x\to1^-}[-(x+1)]=-2$$

$$f'_+(1)=\lim_{x\to1^+}\frac{f(x)-f(1)}{x-1}=\lim_{x\to1^+}\frac{(2x-1)-(-1+2)}{x-1}=\lim_{x\to1^+}\frac{2x-2}{x-1}=\lim_{x\to1^+}\frac{2(x-1)}{x-1}=2$$

所以函数 $f(x)$ 在点 $x=1$ 处不可导.

2. 可导与连续的关系

（1）若函数 $y=f(x)$ 在点 x_0 处可导，则在 x_0 点处连续.

（2）函数 $y=f(x)$ 在点 x_0 处连续，则在点 x_0 处不一定可导.

例 8　设函数 $f(x)=|x|=\begin{cases}x, x\geqslant 0,\\ -x, x<0.\end{cases}$ 讨论在点 $x=0$ 处的连续性和可导性.

解　因为 $f(0)=0$，$\lim\limits_{x\to0^-}(-x)=0, \lim\limits_{x\to0^+}(x)=0$，所以函数 $f(x)$ 在点 $x=0$ 处连续；

又因为 $$f'_-(0)=\lim_{x\to0^-}\frac{f(x)-f(0)}{x}=\lim_{x\to0^-}\frac{-x-0}{x}=-1$$

$$f'_+(0)=\lim_{x\to0^+}\frac{f(x)-f(0)}{x}=\lim_{x\to0^+}\frac{x-0}{x}=1$$

所以函数 $f(x)$ 在点 $x=0$ 处不可导.

2.1.5　基本初等函数的导数公式

通过学习导数的定义，我们可以推导出一些基本初等函数的导数公式，为了方便今后的计算，下面直接给出常用导数的公式.

（1）$C'=0$ （C 为常数）；　　（2）$(x^n)'=nx^{n-1}$；

（3）$(\sin x)'=\cos x$；　　（4）$(\cos x)'=-\sin x$；

（5）$(\mathrm{e}^x)'=\mathrm{e}^x$；　　（6）$(a^x)'=a^x\ln a$；

（7）$(\ln x)'=\dfrac{1}{x}$；　　（8）$(\log_a x)'=\dfrac{1}{x\ln a}$；

（9）$(\tan x)'=\dfrac{1}{\cos^2 x}$；　　（10）$(\cot x)'=\dfrac{-1}{\sin^2 x}$；

（11）$(\arcsin x)'=\dfrac{1}{\sqrt{1-x^2}}$；　　（12）$(\arccos x)'=\dfrac{-1}{\sqrt{1-x^2}}$；

（13）$(\arctan x)'=\dfrac{1}{1+x^2}$；　　（14）$(\operatorname{arccot} x)'=\dfrac{-1}{1+x^2}$.

习　题　2.1

1. 求下列函数在指定点处的导数：

（1） $y=\sin x, x=\frac{\pi}{2}$；　　（2） $y=\cos x, x=\frac{\pi}{6}$；

（3） $y=\ln x, x=2$；　　（4） $y=e^x, x=1$.

2. 求下列曲线在指定点处的切线方程和法线方程：

（1） $f(x)=2x^3-3x+4\ (1,3)$；　　（2） $f(x)=\sin x+\cos x\ (0,1)$；

（3） $f(x)=2x+\ln x\ (1,2)$；　　（4） $f(x)=\frac{1}{x}-3x+2\ (1,0)$.

3. 设函数 $f(x)=|x-1|=\begin{cases}x-1, x\geqslant 1,\\ -x+1, x<1.\end{cases}$ 讨论在点 $x=1$ 处的连续性和可导性.

4. 设函数 $f(x)=\begin{cases}x^2, x\leqslant 1,\\ ax+b, x>1\end{cases}$ 在点 $x=1$ 处可导，求 a、b 的值.

2.2　导数的运算

在上一节中，我们给出了导数的定义，利用导数的定义可以求解一些简单的函数的导数，但是对于相对复杂的函数，利用导数的定义求导就比较复杂了，本节就具体讲解一些常用的求导方法.

2.2.1　导数的运算法则

1. 导数的四则运算

定理 1　设函数 $u=u(x), v=v(x)$ 都在点 x 处可导，则函数 $u(x)\pm v(x), u(x)v(x), \frac{u(x)}{v(x)}$ $(v(x)\neq 0)$ 都在点处可导，且

（1） $[u(x)\pm v(x)]'=u'(x)\pm v'(x)$；

（2） $[u(x)v(x)]'=u'(x)v(x)+u(x)v'(x)$；

（3） $\left[\frac{u(x)}{v(x)}\right]'=\frac{u'(x)v(x)-u(x)v'(x)}{v^2(x)}$.

推论 1　$[Cu(x)]'=Cu'(x)$ (C 为常数)

推论 2　$[u(x)v(x)w(x)]'=(uv)'w+uvw'=u'vw+uv'w+uvw'$

例 1　设 $f(x)=x^5-4\cos x+\sin\dfrac{\pi}{2}$，求 $f'(x)$、$f'(0)$.

解　因为
$$f'(x)=5x^4+4\sin x$$
所以
$$f'(0)=0$$

例 2　设 $f(x)=\mathrm{e}^x(\sin x-\cos x)+\ln\pi$，求 $f'(x)$、$f'\left(\dfrac{\pi}{2}\right)$.

解　因为
$$f'(x)=(\mathrm{e}^x)'(\sin x-\cos x)+\mathrm{e}^x(\sin x-\cos x)'+(\ln\pi)'$$
$$=\mathrm{e}^x(\sin x-\cos x)+\mathrm{e}^x(\cos x+\sin x)=2\mathrm{e}^x\sin x$$
所以
$$f'\left(\frac{\pi}{2}\right)=2\mathrm{e}^{\frac{\pi}{2}}\sin\frac{\pi}{2}=2\mathrm{e}^{\frac{\pi}{2}}$$

例 3　设 $f(x)=\tan x$，求 $f'(x)$、$f'\left(\dfrac{\pi}{4}\right)$.

解　因为 $f'(x)=(\tan x)'=\left[\dfrac{\sin x}{\cos x}\right]'=\dfrac{(\sin x)'\cos x-\sin x(\cos x)'}{\cos^2 x}$
$$=\frac{\cos x\cos x-\sin x(-\sin x)}{\cos^2 x}=\frac{1}{\cos^2 x}$$
所以
$$f'\left(\frac{\pi}{4}\right)=\frac{1}{\cos^2\frac{\pi}{4}}=2$$

例 4　设 $f(x)=(x^2-3x)\mathrm{e}^x\cos x$，求 $f'(x)$、$f'(0)$.

解　因为 $f'(x)=(x^2-3x)'\mathrm{e}^x\cos x+(x^2-3x)(\mathrm{e}^x)'\cos x+(x^2-3x)\mathrm{e}^x(\cos x)'$
$$=(2x-3)\mathrm{e}^x\cos x+(x^2-3x)\mathrm{e}^x\cos x+(x^2-3x)\mathrm{e}^x(-\sin x)$$
所以
$$f'(0)=-3$$

2.2.2　复合函数的导数

复合函数的求导法则：

定理 2　如果函数 $u=\varphi(x)$ 在点 x 处可导，并且 $y=f(u)$ 在点 u 处也可导，则复合函数 $y=f[\varphi(x)]$ 在点 x 处可导，其导数为 $\{f[\varphi(x)]\}'=f'[\varphi(x)]\varphi'(x)$，或写出 $y'_x=y'_u u'_x$，或写出 $\dfrac{\mathrm{d}y}{\mathrm{d}x}=\dfrac{\mathrm{d}y}{\mathrm{d}u}\dfrac{\mathrm{d}u}{\mathrm{d}x}$.

注: 复合函数求导法则可以推广到多个中间变量的情形. 比如: 复合函数 $y=f\{\varphi[\psi(x)]\}$，可以分解成 $y=f(u),u=\varphi(v),v=\psi(x)$，从而可得 $\dfrac{\mathrm{d}y}{\mathrm{d}x}=\dfrac{\mathrm{d}y}{\mathrm{d}u}\dfrac{\mathrm{d}u}{\mathrm{d}v}\dfrac{\mathrm{d}v}{\mathrm{d}x}$.

例 5　设函数 $y=\ln\cos(\mathrm{e}^x)$，求 $f'(x)$.

解　法一：函数 $y=\ln\cos(\mathrm{e}^x)$ 可由函数 $y=\ln u,u=\cos v,v=\mathrm{e}^x$ 构成，所以

$$\frac{dy}{dx}=\frac{dy}{du}\frac{du}{dv}\frac{dv}{dx}=\frac{1}{u}(-\sin v)e^x=\frac{1}{\cos e^x}(-\sin e^x)e^x=-e^x\tan e^x$$

法二：$y'=[\ln\cos e^x]'=\frac{1}{\cos e^x}(\cos e^x)'=\frac{1}{\cos e^x}(-\sin e^x)(e^x)'=-e^x\tan e^x$

例 6 设函数 $y=e^{\sin\frac{1}{x}}$，求 $f'(x)$.

解 法一：函数 $y=e^{\sin\frac{1}{x}}$ 可由函数 $y=e^u, u=\sin v, v=\frac{1}{x}$ 构成，所以

$$\frac{dy}{dx}=\frac{dy}{du}\frac{du}{dv}\frac{dv}{dx}=e^u\cos v\left(-\frac{1}{x^2}\right)=-\frac{1}{x^2}e^{\sin\frac{1}{x}}\cos\frac{1}{x}$$

法二：$y'=\left[e^{\sin\frac{1}{x}}\right]'=e^{\sin\frac{1}{x}}\left(\sin\frac{1}{x}\right)=e^{\sin\frac{1}{x}}\cos\frac{1}{x}\left(\frac{1}{x}\right)'=-\frac{1}{x^2}e^{\sin\frac{1}{x}}\cos\frac{1}{x}$

2.2.3 隐函数及由参数方程确定的函数的导数

1. 隐函数的概念

定义 1 一般地，由方程 $F(x,y)=0$ 确定 y 为 x 的函数，称 y 为 x 的隐函数.

注：形如 $y=f(x)$ 的函数关系是显而易见的，称 y 为 x 的显函数. 把隐函数化成显函数的过程称为显化. 但并不是所有的隐函数都可以化成显函数. 接下来我们将讲解隐函数求导的方法.

例 7 设方程 $y^2=x^3y+x\ln y$ 确定了 y 是 x 的函数，求 $\frac{dy}{dx}$.

解 第一步：方程两边同时对 x 求导.

第二步：化简求导数.

$$(y^2)'=(x^3y)'+(x\ln y)'$$

$$2yy'=3x^2y+x^3y'+\ln y+x\frac{1}{y}y'$$

$$\left(2y-x^3-\frac{x}{y}\right)y'=3x^2y+\ln y$$

所以

$$\frac{dy}{dx}=y'=\frac{3x^2y+\ln y}{2y-x^3-\frac{x}{y}}=\frac{3x^2y^2+y\ln y}{2y^2-x^3y-x}$$

例 8 设方程 $e^x-xy^2+\sin y=0$ 确定了 y 是 x 的函数，求 $\frac{dy}{dx}$.

解 第一步：方程两边同时对 x 求导.

第二步：化简求导数.

$$(e^x)'-(xy^2)'+(\sin y)'=0'$$

$$e^x-(y^2+x\cdot 2yy')+\cos y\cdot y'=0$$

$$y'(2xy-\cos y)=\mathrm{e}^x-y^2$$

所以
$$\frac{\mathrm{d}y}{\mathrm{d}x}=y'=\frac{\mathrm{e}^x-y^2}{2xy-\cos y}$$

2. 由参数方程确定函数的导数

定义 2　若参数方程$\begin{cases}x=\varphi(t),\\ y=\psi(t)\end{cases}$确定 y 与 x 之间的函数关系 $y=f(x)$，则称此函数关系所表示的函数为由参数方程所确定的函数关系.

注：由参数方程确定的函数求导法则：$\dfrac{\mathrm{d}y}{\mathrm{d}x}=\dfrac{\dfrac{\mathrm{d}y}{\mathrm{d}t}}{\dfrac{\mathrm{d}x}{\mathrm{d}t}}$.

例 9　求参数方程$\begin{cases}x=3t^3-2t+1,\\ y=(2t+2)^2\end{cases}$所确定的函数的导数$\dfrac{\mathrm{d}y}{\mathrm{d}x}$.

解
$$\frac{\mathrm{d}y}{\mathrm{d}x}=\frac{\dfrac{\mathrm{d}y}{\mathrm{d}t}}{\dfrac{\mathrm{d}x}{\mathrm{d}t}}=\frac{9t^2-2}{8t+8}$$

3. 对数求导法

对于有些特殊的函数关系式，用以上方法都不行，需要采取一种取对数化简的方法，接下来介绍这个方法.

例 10　设函数 $y=x^{\sin x}$，求$\dfrac{\mathrm{d}y}{\mathrm{d}x}$.

解　第一步：方程两边同取对数；

第二步：化简之后，两边同时求导；

第三步：整理求解.

$$\ln y=\ln x^{\sin x}$$

$$\ln y=\sin x\ln x$$

$$(\ln y)'=(\sin x)'\ln x+\sin x(\ln x)'$$

$$\frac{1}{y}y'=\cos x\ln x+\frac{1}{x}\sin x$$

$$y'=y\left(\cos x\ln x+\frac{1}{x}\sin x\right)=x^{\sin x}\left(\cos x\ln x+\frac{1}{x}\sin x\right)$$

2.2.4　高阶导数

定义 3　一般地，我们把二阶及二阶以上的导数，称为高阶导数.

比如：（1）二阶导数表示为 $y''=(y')'$；或 $f''(x)$ 或$\dfrac{\mathrm{d}^2y}{\mathrm{d}x^2}$　或$\dfrac{\mathrm{d}^2f(x)}{\mathrm{d}x^2}$；

（2）三阶导数表示为 $y'''=(y'')'=[(y')']'$；或 $f'''(x)$ 或 $\dfrac{d^3y}{dx^3}$ 或 $\dfrac{d^3f(x)}{dx^3}$；

（3）高于三阶的导数表示为：$y^{(n)}$ 或 $f^{(n)}(x)$ 或 $\dfrac{d^ny}{dx^n}$ 或 $\dfrac{d^nf(x)}{dx^n}$.

例 11 设函数 $y=e^x\cos x$，求 y''.

解 因为 $y'=(e^x\cos x)'=(e^x)'\cos x+e^x(\cos x)'=e^x\cos x+e^x(-\sin x)$

$=e^x(\cos x-\sin x)$

所以

$$y''=[e^x(\cos x-\sin x)]'=(e^x)'(\cos x-\sin x)+e^x(\cos x-\sin x)'$$
$$=e^x(\cos x-\sin x)+e^x(-\sin x-\cos x)=-2\sin x\cdot e^x$$

例 12 设函数 $y=3x^2-5x+6$，求 y'''.

解

$$y'=(3x^2-5x+6)'=6x-5$$
$$y''=(6x-5)'=6$$
$$y'''=6'=0$$

例 13 设函数 $y=e^{2x}$，求 $y^{(n)}$.

解 因为

$$y'=(e^{2x})'=e^{2x}(2x)'=2e^{2x}$$
$$y''=(2e^{2x})'=2e^{2x}(2x)'=4e^{2x}=2^2e^{2x}$$
$$y'''=(4e^{2x})'=4e^{2x}(2x)'=8e^{2x}=2^3e^{2x}$$

所以

$$y^{(n)}=2^ne^{2x}$$

习 题 2.2

1. 求下列函数的导数：

（1）$y=(3x^2-2x)(1-4x)$；

（2）$y=\dfrac{x^2-x\sqrt{x}+4x-\sqrt[3]{x}}{\sqrt[3]{x}}$；

（3）$y=(3x-1)(\ln x+2x)\sin x$；

（4）$y=\ln x^4+x^2\sin x$；

（5）$y=\dfrac{1-\ln x}{2+\ln x}$；

（6）$y=3^xe^x+2\ln x-\sin\pi$；

（7）$y=x^x$；

（8）$y=(\ln x)^x$；

（9）$\begin{cases}x=\sin(3t-2),\\ y=(2t+3)^2;\end{cases}$

（10）$\begin{cases}x=t^2e^t,\\ y=e^{2t}.\end{cases}$

2. 求下列复合函数的导数：

（1）$y=(2x-1)^3$；

（2）$y=e^{\sin^2x}$；

（3）$y=e^{4x^2}+e^{e^{-x}}-e^2$；

（4）$y=e^{-x}\cos x$；

（5）$y=(\arcsin x)^2+\arctan 2x$；

（6）$y=\ln\ln x+\ln\cos(3x-1)$.

3. 求下列隐函数的导数：

（1）$x^2-y^2+xy=3$；

（2）$y=x+2\ln y$；

（3）$e^{xy}-x^2+y^2=2x+3$；　　（4）$xy^3-3x(x+y)=2$；

（5）$ye^x+xe^y=2x-1$；　　（6）$y^2-3xy+3=x+y$.

4. 求下列函数的二阶导数：

（1）$y=2x^3+\ln^2 x$；　　（2）$y=e^{3x-1}$；

（3）$y=x^2\sin x$；　　（4）$y=\sin(1-x^2)$；

（5）$y=xe^{x^2}$；　　（6）$y=x^4\ln x$.

2.3　函数的微分及其应用

在很多理论研究及实际应用中，常常会遇到这样的问题：当自变量x有微小变化时，需要求函数$y=f(x)$的微小改变量$\Delta y=f(x+\Delta x)-f(x)$.然而，对于比较复杂的函数来说，差值$\Delta y=f(x+\Delta x)-f(x)$不容易算出，如果能设法将$\Delta y$表示成$\Delta x$的线性函数，就可以把复杂问题简单化，从而引出了微分的概念.

2.3.1　微分的定义

我们先看一个具体的例子.

设有一块边长为x_0的正方形，问：边长从x_0变到$x_0+\Delta x$，面积改变了多少？

面积的改变量$\Delta S=S_2-S_1=(x_0+\Delta x)^2-(x_0)^2=2x_0\Delta x+(\Delta x)^2$.

当$\Delta x\to 0$时，$(\Delta x)^2$是比Δx高阶的无穷小，即$(\Delta x)^2=o(\Delta x)(\Delta x\to 0)$，从而得出$\Delta S\approx 2x_0\Delta x=f'(x_0)\Delta x$.

定义 1　设函数$y=f(x)$在点x的某一个领域内有定义，当自变量x在点处取得增量Δx时，函数的增量Δy可以表示为$\Delta y=f'(x)\Delta x+o(\Delta x)$，其中$o(\Delta x)$是当$\Delta x\to 0$时的高阶无穷小量，则称函数在点$x$处可微，并称$f'(x)\Delta x$为函数在点$x$处的微分，记作$dy=f'(x)\Delta x$.

例 1　求函数$y=x^2+x$在$x=1$、$\Delta x=0.1$时的增量及微分.

解　函数的增量：$\Delta y=y_2-y_1=[(x+\Delta x)^2+(x+\Delta x)]-(x^2+x)=2x\Delta x+(\Delta x)^2+\Delta x=2\times 1\times 0.1+0.1^2+0.1=0.31$.

因为$y'=f'(x)=(x^2+x)'=2x+1$，所以函数的微分：$dy=f'(x)\Delta x=(2\times 1+1)0.1=0.3$.

定理 2　函数$y=f(x)$在点x处可微的充分必要条件是函数$y=f(x)$在点x处可导，且有$dy=f'(x)\Delta x$.

注：若$y=f(x)=x$，则有$f'(x)=x'=1$，且有$dx=1\cdot\Delta x=\Delta x$，从而$dy=f'(x)dx$，得出

$$f'(x)=\frac{dy}{dx}.$$

也就是说，函数的导数等于函数的微分与自变量的微分的商，因此，导数又称“微商”.由于求微分的问题可归结到求导的问题，因此求导与求微分的方法叫作微分法.

例 2　求函数$y=\sin x+\cos x-2x+1$的微分.

解　$$dy=f'(x)\,dx=(\sin x+\cos x-2x+1)'dx=(\cos x-\sin x-2)dx$$

2.3.2 微分的基本公式及其运算法则

1. 微分基本公式

（1）$d(C)=0$；

（2）$d(x^n)=nx^{n-1}dx$；

（3）$d(\sin x)=\cos x dx$；

（4）$d(\cos x)=-\sin x dx$；

（5）$d(e^x)=e^x dx$；

（6）$d(a^x)=a^x \ln a dx$；

（7）$d(\ln x)=\dfrac{1}{x}dx$；

（8）$d(\log_a x)=\dfrac{1}{x\ln a}dx$；

（9）$d(\tan x)=\dfrac{1}{\cos^2 x}dx$；

（10）$d(\cot x)=\dfrac{-1}{\sin^2 x}dx$；

（11）$d(\arcsin x)=\dfrac{1}{\sqrt{1-x^2}}dx$；

（12）$d(\arccos x)=\dfrac{-1}{\sqrt{1-x^2}}dx$；

（13）$d(\arctan x)=\dfrac{1}{1+x^2}dx$；

（14）$d(\text{arccot}\, x)=\dfrac{-1}{1+x^2}dx$.

2. 微分基本法则

（1）设 $u=u(x),v=v(x)$ 都是可微函数，则有

① $d(u\pm v)=du\pm dv$；

② $d(uv)=vdu+udv$；

③ $d\left(\dfrac{u}{v}\right)=\dfrac{vdu-udv}{v^2},v\neq 0$.

（2）复合函数的微分法则.

设 $y=f(u),u=\varphi(x)$ 都可导，则复合函数 $y=f[\varphi(x)]$ 的微分是 $dy=f'[\varphi(x)]\varphi'(x)dx$.

2.3.3 微分的应用

利用微分可以进行近似计算：

由微分的定义可知：$\Delta y\approx dy$，即得到 $f(x+\Delta x)-f(x)\approx f'(x)\Delta x$，移项得 $f(x+\Delta x)\approx f(x)+f'(x)\Delta x$.

这个公式可以用来计算函数在某一个点附近的函数值的近似值.

例 3 某商场每周销售商品 x 件，所获得利润为 $y=6\sqrt{100x-x^2}$，当每周销售量由 10 件增加到 11 件时，试计算利润增加的近似值.

解 依题意可知 $x=10,\Delta x=1,y=f(x)=6\sqrt{100x-x^2}$，所以

$$f'(x)=6\times\frac{1}{2}(100x-x^2)^{\frac{-1}{2}}(100x-x^2)'=3(100x-x^2)^{\frac{-1}{2}}(100-2x)$$

故有

$$\Delta y\approx dy=f'(x)\Delta x=8\times 1=8$$

$$f'(x)=3(100\times 10-10^2)^{\frac{-1}{2}}(100-2\times 10)=8$$

答：每周销售量由 10 件增加到 11 件时增加的利润约为 8 元.

例 4　设某国的国民经济消费模型是 $y=10+0.4x+0.01x^{\frac{1}{2}}$，其中，$y$ 为总消费（单位是十亿元）；x 为可支配收入（单位是十亿元），当 $x=100.05$ 时，总消费是多少？

解　由题意可设 $x=100, \Delta x=0.05, y=f(x)=10+0.4x+0.01x^{\frac{1}{2}}$，$f'(x)=0.4+0.005x^{\frac{-1}{2}}$，$f'(100)=0.4+0.005\cdot 100^{\frac{-1}{2}}=0.400\,5$.

从而根据公式

$$
\begin{aligned}
f(x+\Delta x) &\approx f(x)+f'(x)\Delta x \\
&\approx (10+0.4\times 100+0.01\cdot 100^{\frac{1}{2}})+0.400\,5\times 0.05 \\
&\approx 50.120\,025 \text{（十亿元）}
\end{aligned}
$$

答：当 $x=100.05$ 时，总消费约为 $50.120\,025$（十亿元）.

习　题　2.3

1. 求下列函数的微分：

（1）$y=2x^3-x^2+3$；　　（2）$y=(3x-1)e^x$；

（3）$y=\dfrac{e^x}{x}$；　　（4）$y=\ln[\sin(2x-1)]$.

2. 求函数 $y=2x^2-3x+1$ 在 $x=2$、$\Delta x=0.1$ 时的增量及微分.

3. 在括号内填入适当的函数，使得等式成立：

（1）$x\mathrm{d}x=\mathrm{d}$（　　）；　　（2）$\cos x\mathrm{d}x=\mathrm{d}$（　　）；

（3）$\dfrac{2}{x}\mathrm{d}x=\mathrm{d}$（　　）；　　（4）$\dfrac{1}{\sqrt{x}}\mathrm{d}x=\mathrm{d}$（　　）.

4. 一汽车销售商利用电视广告促进汽车销售，由过去记录得到每个月做的广告量 x 与汽车销售量 y 有如下关系：$y=-0.005x^3+0.485x^2-1.85x+300$，试用微分的方法求当每个月做广告从 20 次增加到 21 次时，汽车销售的增加量.

2.4　微分中值定理

本节主要阐述微分中值定理，包括罗尔中值定理、拉格朗日中值定理和柯西中值定理，为下一节洛必达法则奠定理论基础，由于定理的证明较为复杂，因此我们简单地了解一下定理即可，证明省略.

2.4.1　罗尔中值定理

定理 1（罗尔中值定理）　设函数 $f(x)$ 满足如下条件：

（1）在闭区间 $[a,b]$ 上连续；

（2）在开区间(a,b)内可导；

（3）$f(a)=f(b)$.

则在(a,b)内至少存在一点ξ，使得$f'(\xi)=0$.

2.4.2 拉格朗日中值定理

定理 2（拉格朗日中值定理） 设函数$f(x)$满足如下条件：

（1）在闭区间$[a,b]$上连续；

（2）在开区间(a,b)内可导.

则在(a,b)内至少存在一点ξ，使得$f'(\xi)=\dfrac{f(b)-f(a)}{b-a}$.

推论 1 若$f'(x)\equiv 0, x\in(a,b)$，则函数$f(x)$在(a,b)内是一个常数.

推论 2 若$f'(x)=g'(x), x\in(a,b)$，则函数$f(x)=g(x)+C$.

2.4.3 柯西中值定理

定理 3（柯西中值定理） 设函数$f(x)$满足如下条件：

（1）在闭区间$[a,b]$上连续；

（2）在开区间(a,b)内可导；

（3）$g'(x)\neq 0[x\in(a,b)]$.

则在(a,b)内至少存在一点ξ，使得$\dfrac{f'(\xi)}{g'(\xi)}=\dfrac{f(b)-f(a)}{g(b)-g(a)}$.

2.5 洛必达法则

如果当$x\to a$（或$x\to\infty$）时，函数$f(x)$和$g(x)$都趋于零或都趋于无穷大，那么极限$\lim\limits_{x\to a}\dfrac{f(x)}{g(x)}$或$\lim\limits_{x\to\infty}\dfrac{f(x)}{g(x)}$可能存在，也可能不存在，通常我们把这种类型的极限称为未定式，并分别记作$\dfrac{0}{0}$或$\dfrac{\infty}{\infty}$.

除此之外，未定式还有$0\cdot\infty, \infty-\infty, 0^0, 1^\infty, \infty^0$等类型.如何计算这些类型的未定式极限呢？下面我们将根据柯西中值定理得出求这类极限的一种方法——洛必达法则.

2.5.1 $\dfrac{0}{0}$型与$\dfrac{\infty}{\infty}$型

1. $\dfrac{0}{0}$型未定式

定理 1 设函数$f(x)$和$g(x)$满足如下条件：

（1）$\lim\limits_{x\to a}f(x)=0,\lim\limits_{x\to a}g(x)=0$；

（2）在点a的某领域内，$f'(x)$及$g'(x)$都存在且$g'(x)\neq 0$；

（3）$\lim\limits_{x\to a}\dfrac{f'(x)}{g'(x)}$ 存在（或为无穷大）.

那么$\lim\limits_{x\to a}\dfrac{f(x)}{g(x)}=\lim\limits_{x\to a}\dfrac{f'(x)}{g'(x)}$.

例 1　求$\lim\limits_{x\to 0}\dfrac{\ln(1+x)}{x^2}\left(\dfrac{0}{0}型\right)$.

解　原式$=\lim\limits_{x\to 0}\dfrac{\frac{1}{1+x}}{2x}=\lim\limits_{x\to 0}\dfrac{1}{2x(1+x)}=\infty$

例 2　求$\lim\limits_{x\to 0}\dfrac{e^x+e^{-x}-2}{1-\cos x}\left(\dfrac{0}{0}型\right)$.

解　$\lim\limits_{x\to 0}\dfrac{e^x+e^{-x}-2}{1-\cos x}=\lim\limits_{x\to 0}\dfrac{e^x-e^{-x}}{\sin x}=\lim\limits_{x\to 0}\dfrac{e^x+e^{-x}}{\cos x}=2$

例 3　求$\lim\limits_{x\to 1}\dfrac{x^3-3x+2}{x^3-x^2-x+1}\left(\dfrac{0}{0}型\right)$.

解　原式$=\lim\limits_{x\to 1}\dfrac{3x^2-3}{3x^2-2x-1}=\lim\limits_{x\to 1}\dfrac{6x}{6x-2}=\dfrac{3}{2}$

2. $\dfrac{\infty}{\infty}$型未定式

定理 2　设函数$f(x)$和$g(x)$满足如下条件：

（1）$\lim\limits_{x\to a}f(x)=\infty,\lim\limits_{x\to a}g(x)=\infty$；

（2）在点a的某领域内，$f'(x)$及$g'(x)$都存在且$g'(x)\neq 0$；

（3）$\lim\limits_{x\to a}\dfrac{f'(x)}{g'(x)}$ 存在（或为无穷大）.

那么$\lim\limits_{x\to a}\dfrac{f(x)}{g(x)}=\lim\limits_{x\to a}\dfrac{f'(x)}{g'(x)}$.

例 4　求$\lim\limits_{x\to \infty}\dfrac{\ln(1+x)}{x^2}\left(\dfrac{\infty}{\infty}型\right)$.

解　原式$=\lim\limits_{x\to \infty}\dfrac{\frac{1}{1+x}}{2x}=\lim\limits_{x\to \infty}\dfrac{1}{2x(1+x)}=0$

例 5　求$\lim\limits_{x\to \frac{\pi}{2}}\dfrac{\tan x}{\tan 3x}\left(\dfrac{\infty}{\infty}型\right)$.

解　原式$=\lim\limits_{x\to \frac{\pi}{2}}\dfrac{\frac{\sin x}{\cos x}}{\frac{\sin 3x}{\cos 3x}}=\lim\limits_{x\to \frac{\pi}{2}}\dfrac{-\cos 3x}{\cos x}=\lim\limits_{x\to \frac{\pi}{2}}\dfrac{3\sin 3x}{-\sin x}=3$

例 6 求 $\lim\limits_{x\to 0}\dfrac{x^2\cos\frac{1}{x}}{\sin x}$.

解 由于 $\lim\limits_{x\to 0}\dfrac{\left(x^2\cos\frac{1}{x}\right)'}{(\sin x)'}=\lim\limits_{x\to 0}\dfrac{2x\cos\frac{1}{x}+x^2\sin\frac{1}{x}}{\cos x}$ 不存在，也不为 ∞，故不能用洛必达法则，可用下面的方法求极限：

$$\lim_{x\to 0}\frac{x^2\cos\frac{1}{x}}{\sin x}=\lim_{x\to 0}\left(\frac{x}{\sin x}\cdot x\cos\frac{1}{x}\right)=\lim_{x\to 0}\frac{x}{\sin x}\cdot\lim_{x\to 0}x\cos\frac{1}{x}=1\cdot 0=0$$

2.5.2 其他类型的未定式

除了 $\dfrac{0}{0}$ 型和 $\dfrac{\infty}{\infty}$ 型未定式外，经常还会碰到 $0\cdot\infty,\infty-\infty,0^0,1^\infty,\infty^0$ 型未定式，解决这些类型的关键是：将它们化为 $\dfrac{0}{0}$ 型和 $\dfrac{\infty}{\infty}$ 型未定式，然后用洛必达法则解决.（$0\cdot\infty$ 型）

例 7 求极限 $\lim\limits_{x\to+\infty}x^{-2}e^x$.

解 原式$=\lim\limits_{x\to+\infty}\dfrac{e^x}{x^2}=\lim\limits_{x\to+\infty}\dfrac{e^x}{2x}=\lim\limits_{x\to+\infty}\dfrac{e^x}{2}=+\infty$ （$\infty-\infty$ 型）

例 8 求极限 $\lim\limits_{x\to 0}\left(\dfrac{1}{x}-\dfrac{1}{\sin x}\right)$.

解 原式$=\lim\limits_{x\to 0}\left(\dfrac{\sin x-x}{x\sin x}\right)=\lim\limits_{x\to 0}\left(\dfrac{\cos x-1}{\sin x+x\cos x}\right)=\lim\limits_{x\to 0}\left(\dfrac{-\sin x}{\cos x+\cos x-x\sin x}\right)=0$ （0^0 型）

例 9 求极限 $\lim\limits_{x\to 0}x^x$.

解 原式$=\lim\limits_{x\to 0}e^{\ln x^x}=\lim\limits_{x\to 0}e^{x\ln x}=\lim\limits_{x\to 0}e^{\frac{\ln x}{\frac{1}{x}}}=\lim\limits_{x\to 0}e^{\frac{\frac{1}{x}}{\frac{-1}{x^2}}}=\lim\limits_{x\to 0}e^{-x}=1$ （1^∞ 型）

例 10 求极限 $\lim\limits_{x\to 1}x^{\frac{1}{x-1}}$.

解 原式$=\lim\limits_{x\to 1}e^{\ln x^{\frac{1}{x-1}}}=\lim\limits_{x\to 1}e^{\frac{\ln x}{x-1}}=\lim\limits_{x\to 1}e^{\frac{1}{x}}=e$ （∞^0 型）

例 11 求极限 $\lim\limits_{x\to+\infty}(1+x)^{\frac{1}{x}}$.

解 原式$=\lim\limits_{x\to+\infty}e^{\ln(1+x)^{\frac{1}{x}}}=\lim\limits_{x\to+\infty}e^{\frac{\ln(1+x)}{x}}=\lim\limits_{x\to+\infty}e^{\frac{1}{1+x}}=e^0=1$

习 题 2.4

用洛必达法则求下列函数的极限：

（1）$\lim\limits_{x\to1}\dfrac{x^2-3x+2}{x^3-1}$；　　（2）$\lim\limits_{x\to0}\dfrac{\sin 4x}{\sin 2x}$；

（3）$\lim\limits_{x\to0}\dfrac{e^x-e^{-x}}{\sin x}$；　　（4）$\lim\limits_{x\to0}\dfrac{e^x+e^{-x}-2}{1-\cos x}$；

（5）$\lim\limits_{x\to0}\dfrac{1-\cos x}{x^2}$；　　（6）$\lim\limits_{x\to\infty}\dfrac{x^3-x^2+2}{x^4+4x^2}$；

（7）$\lim\limits_{x\to1}\left(\dfrac{2}{x^2-1}-\dfrac{x}{x-1}\right)$；　　（8）$\lim\limits_{x\to0^+}x^{\sin x}$；

（9）$\lim\limits_{x\to0}\left(\dfrac{1}{x}-\dfrac{1}{e^x-1}\right)$；　　（10）$\lim\limits_{x\to0}(1-\sin x)^{\frac{1}{x}}$.

2.6　函数的单调性、极值与最值

第一章已经给出了函数单调性的概念，本节将利用函数的导数研究函数的单调性，并给出相应的判别方法，进而研究函数极值的判别方法，讨论函数的最值.

2.6.1　函数的单调性

函数的单调性：

定理 1　设函数 $f(x)$ 在 (a,b) 内可导.

（1）如果在 (a,b) 内 $f'(x)>0$，则函数 $f(x)$ 在 (a,b) 内是单调递增的；
（2）如果在 (a,b) 内 $f'(x)<0$，则函数 $f(x)$ 在 (a,b) 内是单调递减的；
（3）如果在 (a,b) 内 $f'(x)=0$，则函数 $f(x)$ 在 (a,b) 内是一个常数.（不增不减）

例 1　讨论函数 $f(x)=x^3-3x^2-9x+7$ 的单调性.

解　$f(x)=x^3-3x^2-9x+7$ 的定义域是 $(-\infty,+\infty)$，

$$f'(x)=3x^2-6x-9=3(x+1)(x-3)$$

令 $f'(x)=0$，得到 $x_1=-1, x_2=3$.
所以定义域分成了三段：$(-\infty,-1)$、$(-1,3)$ 和 $(3,+\infty)$.
当 $x\in(-\infty,-1)$ 和 $x\in(3,+\infty)$ 时，$f'(x)>0$；
当 $x\in(-1,3)$ 时，$f'(x)<0$.
故函数的增区间为 $(-\infty,-1)$、$(3,+\infty)$，减区间为 $(-1,3)$.

例 2　讨论函数 $f(x)=x^3-3x$ 的单调性.

解　$f(x)=x^3-3x$ 的定义域是 $(-\infty,+\infty)$，

$$f'(x)=3x^2-3=3(x+1)(x-1)$$

令 $f'(x)=0$，得到 $x_1=-1, x_2=1$.
所以定义域分成了三段 $(-\infty,-1),(-1,1),(1,+\infty)$.
当 $x\in(-\infty,-1)$ 和 $x\in(1,+\infty)$ 时，$f'(x)>0$；

当 $x\in(-1,1)$ 时，$f'(x)<0$.

故函数的增区间为 $(-\infty,-1),(1,+\infty)$，减区间为 $(-1,1)$.

2.6.2 函数的极值与最值

1. 函数的极值

定义 1 设函数 $y=f(x)$ 在点 x_0 的领域 U 内有定义，

（1）若对于任意的 $x\in U$，当 $x\neq x_0$ 时，都有 $f(x)<f(x_0)$，则称 $f(x_0)$ 是函数 $f(x)$ 的一个极大值，称 x_0 为函数 $f(x)$ 的极大值点；

（2）若对于任意的 $x\in U$，当 $x\neq x_0$ 时，都有 $f(x)>f(x_0)$，则称 $f(x_0)$ 是函数 $f(x)$ 的一个极小值，称 x_0 为函数 $f(x)$ 的极小值点.

注：（1）函数若有极值，极值不一定是唯一的；

（2）函数的极大值不一定比极小值大；

（3）函数的极值点有可能出现在不可导点处.

比如 $f(x)=|x|$ 在 $x=0$ 处不可导，但是 $x=0$ 是函数 $f(x)$ 的极值点，并且是极小值点，此时也称为尖点，函数 $f(x)=|x|$ 的极小值为 $f(0)=0$.

定理 2（极值存在的必要条件）

若函数 $f(x)$ 在点 x_0 处可导，且在点 x_0 处取得极值，则 $f'(x_0)=0$.

注：（1）使得 $f'(x)=0$ 的点称为驻点，驻点不一定是极值点，还有可能是拐点（就是该点左右两边的单调性是相同的.例如 $f(x)=x^3,f'(x)=3x^2=0$，但是在区间 $(-\infty,0)$ 和区间 $(0,+\infty)$ 函数都是单调递增的，所以 $(0,0)$ 称为拐点）；

（2）$f'(x)$ 不存在的点称为不可导点.

定理 3（极值存在的第一个充分条件）

设函数 $f(x)$ 在点 x_0 处连续，在 x_0 的一个去心领域内可导，

（1）若当 $x<x_0$ 时，$f'(x)>0$，当 $x>x_0$ 时，$f'(x)<0$，则称函数 $f(x)$ 在点 x_0 处取得极大值，点 x_0 就是极大值点；

（2）若当 $x<x_0$ 时，$f'(x)<0$，当 $x>x_0$ 时，$f'(x)>0$，则称函数 $f(x)$ 在点 x_0 处取得极小值，点 x_0 就是极小值点.

例 3 求函数 $f(x)=x^3-3x^2-9x+7$ 的极值.

解 $f(x)=x^3-3x^2-9x+7$ 的定义域是 $(-\infty,+\infty)$，

$$f'(x)=3x^2-6x-9=3(x+1)(x-3)$$

令 $f'(x)=0$，得到 $x_1=-1,x_2=3$.

所以定义域分成了三段 $(-\infty,-1),(-1,3),(3,+\infty)$.

当 $x\in(-\infty,-1)$ 时，$f'(x)>0$；当 $x\in(-1,3)$ 时，$f'(x)<0$.

当 $x\in(-1,3)$ 时，$f'(x)<0$；当 $x\in(3,+\infty)$ 时，$f'(x)>0$.

于是 $x=-1$ 是函数 $f(x)$ 的极大值点，极大值为 $f(-1)=(-1)^3-3(-1)^2-9(-1)+7=12$；

$x=3$ 是函数 $f(x)$ 的极小值点，极小值为 $f(3)=3^3-3\times3^2-9\times3+7=-20$.

定理 4（**极值存在的第二个充分条件**）

设函数 $f(x)$ 在点 x_0 处二阶导数存在，且 $f'(x_0)=0, f''(x_0)\neq 0$，

（1）若 $f''(x_0)<0$，则 x_0 就是函数 $f(x)$ 的极大值点，$f(x_0)$ 是 $f(x)$ 的极大值；

（2）若 $f''(x_0)>0$，则 x_0 就是函数 $f(x)$ 的极小值点，$f(x_0)$ 是 $f(x)$ 的极小值.

例 4　求函数 $f(x)=x^3-3x$ 的极值.

解　$f(x)=x^3-3x$ 的定义域是 $(-\infty,+\infty)$，

$$f'(x)=3x^2-3=3(x+1)(x-1)$$

令 $f'(x)=0$，得到 $x_1=-1, x_2=1$.

因为 $f''(x)=6x, f''(-1)=-6, f''(1)=6$，所以 $x=-1$ 为函数 $f(x)$ 的极大值点，极大值为 $f(-1)=(-1)^3-3(-1)=2$；

$x=1$ 为函数 $f(x)$ 的极小值点，极小值为 $f(1)=1^3-3\times 1=-2$.

2. 函数的最值

在实际应用中，我们经常需要求某一函数的最大值和最小值. 比如在经济领域中，就会遇到一类问题：在一定条件下，怎么样使得“产量最多”“用料最省”“成本最低”“效率最高”等问题，这类问题就是数学上的最值问题.

例 5　求函数 $f(x)=x^4-2x^2+5$ 在 $[-2,2]$ 上的最大值与最小值.

解

$$f'(x)=4x^3-4x=4x(x+1)(x-1)$$

令 $f'(x)=0$，解得 $x=0, x=-1, x=1$.

因为 $f(0)=5, f(-1)=4, f(1)=4$，$f(-2)=(-2)^4-2(-2)^2+5=13$，$f(2)=2^4-2\times 2^2+5=13$，所以比较以上函数值，最大的就是最大值，最小的就是最小值，即最大值为 13，最小值为 4.

例 6（最大收益）

某公司销售一种灯具，其价格需求函数是 $P=100-0.01x$，其中，P 为灯具价格（单位为元），x 为每个月的销售量（单位为台），试求其达到最大收益时每月的销售量.

解　因为收益=价格×需求量（每月的销售量），即 $R(x)=Px=(100-0.01x)x=100x-0.01x^2$. $R'(x)=100-0.02x=0$，得 $x=5\,000$. $R''(x)=-0.02<0$.

所以当销售量 $x=5\,000$ 时，即价格 $P=100-0.01\cdot 5\,000=50$.

收益最大为 $R(5\,000)=100\times 5\,000-0.01\cdot 5\,000^2=250\,000$（元）.

例 7（**最低成本**）

已知某企业的成本函数是 $C=q^3-9q^2+30q+25$，其中，C 为成本（单位为千元），q 为产量（单位为吨），求平均可变成本 y（单位为千元）的最小值.

解　平均可变成本 $y=\dfrac{C-25}{q}=q^2-9q+30$.

令 $y'=2q-9=0$，得 $q=4.5$，$y''=2>0$.

所以当 $q=4.5$ 时，平均可变成本最小为 $y(4.5)=(4.5)^2-9\times(4.5)+30=9.75$（千元）.

例 8（最大利润）

某厂生产某种产品，其固定成本是 3 万元，每生产一百件产品，成本增加 2 万元，C 为成本，其收入 R（单位为万元）是产量 q（单位是百件）的函数：$R=5q-\frac{1}{2}q^2$，求达到最大利润时的产量.

解 由题可知：$C=3+2q$.

那么利润为 $L=R-C=-\frac{1}{2}q^2+3q-3$，$L'=3-q=0,q=3$，$L''=-1<0$.

所以当产量 $q=3$ 时，利润最大为 $L(3)=-\frac{1}{2}\times 3^2+3\times 3-3=1.5$（万元）.

习 题 2.5

1. 求下列函数的单调性和极值：

（1）$y=x^3-3x^2+6$；（2）$y=x^2\mathrm{e}^{-x}$；

（3）$y=2x^2-\ln x$；（4）$y=2\mathrm{e}^x+\mathrm{e}^{-x}$.

2. 求下列函数在给定的区间内的最值：

（1）$y=x^4-2x^2+3,x\in[-2,2]$；（2）$y=\ln(x^2+1),x\in[-1,1]$.

3. 某厂每批生产某种商品 x 个，单位费用 $C(x)=5x+200$（元），得到的收入 $R(x)=10x-0.01x^2$（元），问：每批生产多少个单位产品时利润最大？

2.7 导数的应用

函数的导数在经济管理领域是非常重要的数学工具，下面我们来具体学习导数在经济分析中的两个重要应用——边际分析和弹性分析.

2.7.1 边际分析

边际概念是经济学中的一个重要的概念，一般是指经济函数的变化率.利用导数研究经济变量的边际变化的方法，称为边际分析.

1. 边际成本

（1）边际成本就是成本函数的导数，记作 $C'(q)$.

（2）总成本就是固定成本和可变成本之和，记作 $C=C_0+C_1$.

（3）平均成本就是平均每单位产品的成本，记作 $\overline{C}=\frac{C}{q}=\frac{C_0+C_1}{q}$.

2. 边际收入

（1）边际收入就是收入函数的导数，记作 $R'(q)$.

（2）需求函数就是价格与销售量之间的函数关系，记作 $p = p(q)$.

（3）总收入函数就是价格乘以销售量，记作 $R = pq$.

3. 边际利润

（1）边际利润就是利润函数的导数，记作 $L'(q)$.

（2）利润等于总收入减去总成本，记作 $L(q) = R(q) - C(q)$.

例 1　设某产品的需求函数为 $q = 50 - 2p$ ，p 为单价格，成本是 $C = 200 + 10q$ ，问：生产多少单位产品利润最大？

解　总收入 $R = pq = \left(25 - \dfrac{q}{2}\right)q = 25q - \dfrac{q^2}{2}$ ；

利润 $L = R - C = \left(25q - \dfrac{q^2}{2}\right) - (200 + 10q) = -\dfrac{q^2}{2} + 15q - 200$ ；

边际利润 $L' = -q + 15 = 0, q = 15$.

即当生产 15 单位产品时利润最大.

2.7.2　弹性分析

弹性分析也是经济分析中的常用的一种方法，同时定量地描述一个经济变量对另一个经济变量变化的灵敏程度，主要用于对生产、供给、需求等问题的研究.

一、弹性函数的定义

定义 1　设函数 $y = f(x)$ 在点 x 处可导，函数的相对改变量 $\dfrac{\Delta y}{y}$ 与自变量的改变量 $\dfrac{\Delta x}{x}$ 之比 $\dfrac{\frac{\Delta y}{y}}{\frac{\Delta x}{x}}$ 称为函数 $y = f(x)$ 从 x 到 $x + \Delta x$ 两点间的弹性，令 $\Delta x \to 0$ ，极限值 $y'\dfrac{x}{y}$ 称为函数 $y = f(x)$ 在点 x 处的弹性，记作 E . 函数 $E = \lim\limits_{\Delta x \to 0} \dfrac{\frac{\Delta y}{y}}{\frac{\Delta x}{x}} = y'\dfrac{x}{y}$ 称为弹性函数.

例 2　设某商品的需求函数是 $q = 3\,000\mathrm{e}^{-0.02p}$ ，求价格为 100 时的需求弹性并解释其经济含义.

解　因为 $q' = -60\mathrm{e}^{-0.02p}$ ，所以 $E = \dfrac{pq'}{q} = \dfrac{p \times (-60\mathrm{e}^{-0.02p})}{3\,000\mathrm{e}^{-0.02p}} = -0.02p$.

于是 $E(100) = -0.02 \times 100 = -2$.

它的经济意义是：当价格为 100 时，若价格增加 1%，则需求减少 2%.

习 题 2.6

1. 已知某厂生产 x 件产品的成本是 $C=25\,000+200x+\dfrac{1}{40}x^2$（元），问：

（1）要使平均成本最小，应生产多少件产品？

（2）若产品以每件 500 元售出，要使利润最大，应生产多少件产品？

2. 设某厂生产某产品的总成本是 $C=0.24q^2+8q+4\,900$（万元），该产品的市场需求量 q（吨）与价格 p（万元）有关系 $3q=628-p$，在产量与需求量相同的条件下，求出边际利润.

3. 已知需求量 q 与价格 p 有下列关系，在产量与需求量相同的条件下，求边际收入与需求弹性，并计算边际收入为零的价格.

（1）$q=100-2p$；

（2）$q=100\mathrm{e}^{-0.02p}$；

（3）$q=30\,000-p^2$.

复 习 题 二

1. 求下列函数的导数：

（1）$y=x^3\ln x$；　　（2）$y=\dfrac{x\sqrt{x}-x^2+\sqrt[3]{x}}{\sqrt[3]{x}}$；

（3）$y=\mathrm{e}^x2^x-4\ln x+\ln 2$；　　（4）$y=x^{a+b}$.

2. 求下列复合函数的导数：

（1）$y=(x^2-3)^4(2x+1)^3$；　　（2）$y=\ln\sin x+\ln\ln x$；

（3）$y=\left(\arcsin\dfrac{x}{2}\right)^2$；　　（4）$y=\mathrm{e}^{\mathrm{e}^{-x}}+\mathrm{e}^{4x}-\mathrm{e}^{\mathrm{e}}$.

3. 求下列隐函数的导数：

（1）$\mathrm{e}^{xy}+3x-y=2$；　　（2）$y=x^2-\ln y$；

（3）$x^2-2y^2-xy=1$；　　（4）$y=x(\sin x)^{\cos x}$.

4. 求下列函数的高阶导数：

（1）$y=\sin 2x$, 求 $y^{(4)}$；　　（2）$y=\mathrm{e}^{3x-1}$, 求 $y^{(n)}$；

（3）$y=x\mathrm{e}^x$, 求 $y^{(n)}$；　　（4）$y=\ln(1+x^2)$, 求 y''.

5. 求下列函数的极限：

（1）$\lim\limits_{x\to 0}\dfrac{\ln(1+3x)}{\sin 4x}$；　　（2）$\lim\limits_{x\to 0}\dfrac{x-\sin x}{x^3}$；

（3）$\lim\limits_{x\to 1}\left(\dfrac{x}{x-1}-\dfrac{1}{\ln x}\right)$；　　（4）$\lim\limits_{x\to 0}\dfrac{\tan 4x}{\sin 2x}$.

6. 求下列函数的微分 $\mathrm{d}y$：

（1）$y=\arctan e^x$；　　（2）$xy^2-x^2y=3$；

（3）$y=(3x^2-2)^5$；　　（4）$y=\ln\sin(2x+1)$.

7. 设曲线 $f(x)=x^3+ax$ 与 $g(x)=bx^2+c$ 在点 $(-1,0)$ 处相切，求 a、b、c 的值.

8. 若函数 $f(x)=\begin{cases} ax^2+b, x>1, \\ x^3-3x, x\leqslant 1 \end{cases}$ 处处可导，求 a、b 的值.

9. 求函数 $f(x)=2x^3-6x^2-18x-7$ 的单调性、极值和在区间 $[-2,2]$ 上的最值.

10. 某厂生产某种产品，其年销售量是 100 万件，每批需生产准备费 1 000 元，而每件的库存费为 0.05 元，如果年销售量是均匀的（此时商品库存量为批量的一半），问：分几批生产，能使生产准备费及库存费之和最小？

第三章

不定积分

3.1 不定积分的概念及性质

在一元函数微分学中，我们已经学习了已知函数的导数和微分等相关知识. 但是在许多具体问题中，我们经常遇到相反的问题，就是有一个函数的已知导数或微分求出这个函数. 这种由函数的已知导数或微分去求原来的函数的问题，就是积分学的基本问题之一——不定积分.

3.1.1 原函数的定义

先看一个引例：

在经济学和会计学中讨论某产品的边际成本或边际利润等问题时，如果已知一种产品的总成本 C 与对应产量 x 的函数关系 $C=f(x)$，则求 C 对 x 的导数，就是产量为 x 的边际成本 $C'=f'(x)$. 反过来，如果已知一种产品的边际成本 C' 与对应产量 x 的函数关系 $C'=g(x)$，则要求该产品产量为 x 时的总成本 C，就是要求函数 $C=f(x)$，使得 $f'(x)=g(x)$. 这就是微分学中导数运算相反的运算.

由此，我们给出下面定义：

定义 1 设 $f(x)$是定义在某区间上的已知函数，如果存在一个函数 $F(x)$，使得在该区间上任意一点都有 $F'(x)=f(x)$ 或 $\mathrm{d}F(x)=f(x)\mathrm{d}x$，则称函数 $F(x)$是已知函数 $f(x)$在该区间上的一个原函数.

例如，因为 $(\sin x)'=\cos x$，故 $\sin x$ 是 $\cos x$ 的一个原函数.

因为 $(x^2)'=2x$，故 x^2 是 $2x$ 的一个原函数.

因为 $(x^2+1)'=2x$，故 x^2+1 也是 $2x$ 的一个原函数.

从上述后两个例子可见：一个函数的原函数不是唯一的.

事实上，若 $F(x)$为$f(x)$在区间 I 上的一个原函数，则有 $F'(x)=f(x)$，$[F(x)+C]'=f(x)$（C 为任意常数）.

从而，$F(x)+C$ 也是$f(x)$在区间 I 上的一个原函数. 一个函数的任意两个原函数之间相差一个常数. 事实上，若 $F(x)$和 $G(x)$都是 $f(x)$的原函数，则$[F(x)-G(x)]'=F'(x)-G'(x)=f(x)-f(x)=0$，即$F(x)-G(x)=C$（$C$ 为任意常数），由此可知，若 $F(x)$为$f(x)$在区间 I 上的一个原函数，则函数$f(x)$的全体原函数为$F(x)+C$（C 为任意常数）.

3.1.2　不定积分的定义

定义 2　在区间 I 上的函数$f(x)$，若存在原函数，则称$f(x)$是可积函数，并将$f(x)$的全体原函数记为$\int f(x)\,dx$，称它是函数$f(x)$在区间 I 内的不定积分，其中，$\int$称为积分符号，$f(x)$称为被积函数，x 称为积分变量.

由定义知，若 $F(x)$为$f(x)$的原函数，则$\int f(x)\,dx=F(x)+C$（C 称为积分常数）.

注：函数$f(x)$的原函数 $F(x)$的图形称为$f(x)$的积分曲线.

由不定积分定义知，“求不定积分”和“求导数”或“求微分”互为逆运算，即有

$$\left[\int f(x)dx\right]'=f(x) \text{ 或 } d\left[\int f(x)dx\right]=f(x)dx$$

反之，则有

$$\int F'(x)\,dx=F(x)+C \text{ 或 } \int dF(x)=F(x)+C$$

例 1　求下列不定积分：

（1）$\int x^3dx$；　　（2）$\int \frac{1}{x^2}\,dx$；　　（3）$\int \frac{1}{1+x^2}\,dx$.

解（1）因为$\left(\frac{x^4}{4}\right)'=x^3$，所以$\frac{x^4}{4}$是$x^3$的一个原函数，从而$\int x^3dx=\frac{x^4}{4}+C$（$C$ 为任意常数）.

（2）因为$\left(-\frac{1}{x}\right)'=\frac{1}{x^2}$，所以$-\frac{1}{x}$是$\frac{1}{x^2}$的一个原函数，从而$\int \frac{1}{x^2}\,dx=-\frac{1}{x}+C$（$C$ 为任意常数）.

（3）因为$(\arctan x)'=\frac{1}{1+x^2}$，所以 $\arctan x$ 是$\frac{1}{1+x^2}$的一个原函数，从而$\int \frac{1}{1+x^2}\,dx=\arctan x+C$（$C$ 为任意常数）.

3.1.3　不定积分的性质

定理 1　若函数f与 g 在区间 I 上都存在原函数，k_1、k_2 为两个任意常数，则k_1f+k_2g 在 I 上也存在原函数，且

$$\int [k_1f(x)+k_2g(x)]\,dx=k_1\int f(x)\,dx+k_2\int g(x)\,dx \tag{3-1}$$

证

$$\left[k_1\int f(x)\mathrm{d}x+k_2\int g(x)\mathrm{d}x\right]'=k_1\left[\int f(x)\mathrm{d}x\right]'+k_2\left[\int g(x)\mathrm{d}x\right]'$$
$$=k_1 f(x)+k_2 g(x)$$

不定积分的线性运算法则（3–1）的一般形式为：

$$\int\left[\sum_{i=1}^{n}k_i f_i(x)\right]\mathrm{d}x=\sum_{i=1}^{n}\left[k_i\int f_i(x)\mathrm{d}x\right] \tag{3–2}$$

根据以上线性运算法则可以求得一些简单函数的不定积分.

例 2 $p(x)=a_0x^n+a_1x^{n-1}+\cdots+a_{n-1}x+a_n$，求$\int p(x)\,\mathrm{d}x$.

解 $\int p(x)\,\mathrm{d}x=\dfrac{a_0}{n+1}x^{n+1}+\dfrac{a_1}{n}x^n+\cdots+\dfrac{a_{n-1}}{2}x^2+a_nx+C$

例 3 求$\int\dfrac{x^4+1}{x^2+1}\mathrm{d}x$.

解 原式$=\int\left(x^2-1+\dfrac{2}{x^2+1}\right)\mathrm{d}x=\dfrac{1}{3}x^3-x+2\arctan x+C$

例 4 求$\int(10^x-10^{-x})^2\mathrm{d}x$.

解 $\int(10^x-10^{-x})^2\mathrm{d}x=\int(10^{2x}+10^{-2x}-2)\,\mathrm{d}x$

$$=\int[(10^2)^x+(10^{-2})^x-2]\,\mathrm{d}x$$
$$=\frac{1}{2\ln 10}(10^{2x}-10^{-2x})-2x+C$$

3.1.4 不定积分基本公式

为方便使用和记忆，我们把基本导数公式改写成基本积分公式：

（1）$\int 0\mathrm{d}x=C$；

（2）$\int 1\mathrm{d}x=\int\mathrm{d}x=x+C$；

（3）$\int x^\alpha\mathrm{d}x=\dfrac{x^{\alpha+1}}{\alpha+1}+C\ (\alpha\neq-1,x>0)$；

（4）$\int\dfrac{1}{x}\mathrm{d}x=\ln|x|+C\ (x\neq 0)$；

（5）$\int \mathrm{e}^x\mathrm{d}x=\mathrm{e}^x+C$；

（6）$\int a^x\mathrm{d}x=\dfrac{a^x}{\ln a}\ (a>0,a\neq 1)$；

（7）$\int\cos ax\mathrm{d}x=\dfrac{1}{a}\sin ax+C\ (a\neq 0)$；

（8）$\int \sin ax\mathrm{d}x = -\frac{1}{a}\cos ax + C\ (a \neq 0)$；

（9）$\int \sec^2 x\mathrm{d}x = \tan x + C$；

（10）$\int \csc^2 x\mathrm{d}x = -\cot x + C$；

（11）$\int \sec x \cdot \tan x\mathrm{d}x = \sec x + C$；

（12）$\int \csc x \cdot \cot x\mathrm{d}x = \csc x + C$；

（13）$\int \frac{\mathrm{d}x}{\sqrt{1-x^2}} = \arcsin x + C = -\arccos x + C_1$；

（14）$\int \frac{\mathrm{d}x}{1+x^2} = \arctan x + C = -\mathrm{arccot}x + C_1$.

习　题　3.1

1. 求下列不定积分：

（1）$\int \left(1 - x + x^3 - \frac{1}{\sqrt[3]{x^2}}\right)\mathrm{d}x$；　　（2）$\int \left(x - \frac{1}{\sqrt{x}}\right)^2 \mathrm{d}x$；

（3）$\int \frac{\mathrm{d}x}{\sqrt{2x}}$；　　（4）$\int (2^x + 3^x)^2 \mathrm{d}x$；

（5）$\int \frac{3}{\sqrt{4-4x^2}}\mathrm{d}x$；　　（6）$\int \frac{x^2}{3(1+x^2)}\mathrm{d}x$；

（7）$\int \tan^2 x\mathrm{d}x$；　　（8）$\int \sin^2 x\mathrm{d}x$；

（9）$\int \frac{\cos 2x}{\cos x - \sin x}\mathrm{d}x$；　　（10）$\int 10^t \cdot 3^{2t}\mathrm{d}x$；

（11）$\int \left(\sqrt{\frac{1+x}{1-x}} + \sqrt{\frac{1-x}{1+x}}\right)\mathrm{d}x$；　　（12）$\int (\mathrm{e}^x - \mathrm{e}^{-x})^3 \mathrm{d}x$.

2. 求一曲线 $y=f(x)$，使得在曲线上每一点 (x, y) 处的切线斜率为 $2x$，且通过点 $(2,5)$.

3.2　换元积分法

利用基本积分公式与积分的性质，所能计算的不定积分是非常有限的，因此，有必要进一步来研究不定积分的解法，本节介绍一种基本积分方法，即换元积分法. 换元积分法是将复合函数求导法则反过来用于求不定积分所得到的一种积分方法，它是计算积分最主要的方法之一，通常分为两类.

3.2.1 第一类换元积分法

设$f(u)$具有原函数$F(u)$，即$F'(u)=f(u)$，则$\int f(u)\,\mathrm{d}u=F(u)+C$.

如果u是中间变量，不妨令$u=\varphi(x)$，且设$\varphi(x)$可微，根据复合函数微分法则，有$\mathrm{d}F[\varphi(x)]=f[\varphi(x)]\varphi'(x)\mathrm{d}x$，从而得$\int f[\varphi(x)]\varphi'(x)\mathrm{d}x=F[\varphi(x)]+C=\left[\int f(u)\mathrm{d}u\right]_{u=\varphi(x)}$，于是有下列定理.

定理 1 设$f(u)$具有原函数$F(u)$，$u=\varphi(x)$可导，则有换元法$\int f[\varphi(x)]\varphi'(x)\mathrm{d}x=\left[\int f(u)\mathrm{d}u\right]_{u=\varphi(x)}$，当积分$\int f(u)\,\mathrm{d}u=F(u)+C$容易用直接积分法求得时，就按下述方法计算不定积分：

$$\begin{aligned}\int f[\varphi(x)\varphi'(x)]\,\mathrm{d}x&=\int f[\varphi(x)]\,\mathrm{d}\varphi(x)=\int f(u)\,\mathrm{d}u\\&=F(u)+C=F[\varphi(x)]+C\end{aligned}$$

通常把这样的积分方法叫**第一类换元积分法**.

例 1 求$\int\frac{\mathrm{d}x}{a^2+x^2}\ (a>0)$.

解
$$\begin{aligned}\int\frac{\mathrm{d}x}{a^2+x^2}&=\frac{1}{a}\int\frac{\mathrm{d}\left(\frac{x}{a}\right)}{1+\left(\frac{x}{a}\right)^2}\quad\left(\text{令}u=\frac{x}{a}\right)\\&=\frac{1}{a}\int\frac{\mathrm{d}u}{1+u^2}=\frac{1}{a}\arctan u+C\\&=\frac{1}{a}\arctan\frac{x}{a}+C\end{aligned}$$

例 2 求$\int\frac{\mathrm{d}x}{\sqrt{a^2-x^2}}\ (a>0)$.

解
$$\begin{aligned}\int\frac{\mathrm{d}x}{\sqrt{a^2-x^2}}&=\frac{1}{a}\int\frac{\mathrm{d}x}{\sqrt{1-\left(\frac{x}{a}\right)^2}}=\int\frac{\mathrm{d}\left(\frac{x}{a}\right)}{\sqrt{1-\left(\frac{x}{a}\right)^2}}\\&=\arcsin\frac{x}{a}+C\end{aligned}$$

例 3 求$\int(2x+1)^{10}\mathrm{d}x$.

解 令$u=2x+1$，可得

$$\int(2x+1)^{10}\mathrm{d}x=\frac{1}{2}\int(2x+1)^{10}(2x+1)'\mathrm{d}x=\frac{1}{2}\int(2x+1)^{10}\mathrm{d}(2x+1)$$

$$=\frac{1}{2}\int u^{10}\mathrm{d}u=\frac{1}{2}\cdot\frac{u^{11}}{11}+C=\frac{1}{22}(2x+1)^{11}+C$$

例 4　求 $\int x\mathrm{e}^{x^2}\mathrm{d}x$.

解　$\int x\mathrm{e}^{x^2}\mathrm{d}x=\frac{1}{2}\int \mathrm{e}^{x^2}(x^2)'\mathrm{d}x=\frac{1}{2}\int \mathrm{e}^{x^2}\mathrm{d}(x^2)$

$$\xlongequal[\text{换元}]{\text{令}x^2=u}\frac{1}{2}\int \mathrm{e}^{u}\mathrm{d}u=\frac{1}{2}\mathrm{e}^{u}+C$$

$$=\frac{1}{2}\mathrm{e}^{x^2}+C$$

例 5　求 $\int\frac{1}{x(1+2\ln x)}\mathrm{d}x$.

解　$\int\frac{1}{x(1+2\ln x)}\mathrm{d}x=\int\frac{1}{1+2\ln x}(\ln x)'\mathrm{d}x=\int\frac{1}{2}\times\frac{1}{1+2\ln x}(1+2\ln x)'\mathrm{d}x$

$$=\frac{1}{2}\int\frac{1}{1+2\ln x}\mathrm{d}(1+2\ln x)\text{（换元，令}1+2\ln x=u\text{）}$$

$$=\frac{1}{2}\int\frac{1}{u}\mathrm{d}u=\frac{1}{2}\ln|u|+C$$

$$=\frac{1}{2}\ln|1+2\ln x|+C$$

例 6　求下列各不定积分：

（1）$\int\tan x\mathrm{d}x$；（2）$\int\csc x\mathrm{d}x$；（3）$\int\sec x\mathrm{d}x$；（4）$\int\cos^2 x\mathrm{d}x$；（5）$\int\cos 3x\sin x\mathrm{d}x$.

解　（1）由 $\int\tan x\mathrm{d}x=\int\frac{\sin x}{\cos x}\mathrm{d}x=-\int\frac{(\cos x)'}{\cos x}\mathrm{d}x$

可令 $u=\cos x$，$f(u)=\frac{1}{u}$，则得 $\int\tan x\mathrm{d}x=-\int\frac{1}{u}\mathrm{d}u=-\ln|u|+C=-\ln|\cos x|+C$.

类似地，可得 $\int\cot x\mathrm{d}x=\ln|\sin x|+C$.

（2）$\int\csc x\mathrm{d}x=\int\frac{1}{\sin x}\mathrm{d}x=\int\frac{\sin^2\frac{x}{2}+\cos^2\frac{x}{2}}{2\sin\frac{x}{2}\cos\frac{x}{2}}\mathrm{d}x=\int\left(\tan\frac{x}{2}+\cot\frac{x}{2}\right)\mathrm{d}\left(\frac{x}{2}\right)$（利用上例结果）

$$=-\ln\left|\cos\frac{x}{2}\right|+\ln\left|\sin\frac{x}{2}\right|+C$$

$$=\ln\left|\tan\frac{x}{2}\right|+C$$

（3）$\int\sec x\mathrm{d}x=\int\frac{1}{\cos x}\mathrm{d}x$

$$=\int\frac{1}{\sin\left(x+\frac{\pi}{2}\right)}\mathrm{d}\left(x+\frac{\pi}{2}\right)$$

$$=\int\csc\left(x+\frac{\pi}{2}\right)\mathrm{d}\left(x+\frac{\pi}{2}\right)\text{（利用上例结果）}$$

$$=\ln\left|\csc\left(x+\frac{\pi}{2}\right)-\cot\left(x+\frac{\pi}{2}\right)\right|+C$$

$$=\ln\left|\sec x+\tan x\right|+C$$

（4）$\int\cos^2x\mathrm{d}x=\int\frac{1+\cos 2x}{2}\mathrm{d}x=\frac{1}{2}\int\mathrm{d}x+\frac{1}{2}\int\cos 2x\mathrm{d}x$

$$=\frac{1}{2}x+\frac{1}{4}\sin 2x+C$$

类似地，可得

$$\int\sin^2x\mathrm{d}x=\frac{x}{2}-\frac{1}{4}\sin 2x+C$$

（5）先利用积化和差公式作恒等变换，然后求积分.

$$\int\cos 3x\sin x\mathrm{d}x=\frac{1}{2}\int[\sin(3x+x)-\sin(3x-x)]\,\mathrm{d}x$$

$$=\frac{1}{2}\int(\sin 4x-\sin 2x)\,\mathrm{d}x$$

$$=\frac{1}{8}\int\sin 4x\mathrm{d}4x-\frac{1}{4}\int\sin 2x\mathrm{d}2x$$

$$=-\frac{1}{8}\cos 4x+\frac{1}{4}\cos 2x+C$$

注意：同一积分，可以有几种不同的解法，其结果在形式上可能不同，但实际上它们最多只是相差一个积分常数.

例如，求 $\int\sin x\cos x\mathrm{d}x$.

解法一 $\int\sin x\cos x\mathrm{d}x=\int\sin x\mathrm{d}\sin x=\frac{1}{2}\sin^2x+C_1$

解法二 $\int\sin x\cos x\mathrm{d}x=-\int\cos x\mathrm{d}\cos x=-\frac{1}{2}\cos^2x+C_2$

解法三 $\int\sin x\cos x\mathrm{d}x=\frac{1}{2}\int\sin 2x\mathrm{d}x=\frac{1}{4}\int\sin 2x\mathrm{d}2x=-\frac{1}{4}\cos 2x+C_3$

利用三角公式不难验证上例三种解法的结果彼此只差一个常数. 但很多积分要把结果化成相同的形式会有一定的难度，事实上，要检查积分结果是否正确，只要对所求结果求导，如果这个导数与被积函数相同，那么结果就是正确的.

由以上例子可以看出，用第一类换元积分法计算积分时，关键是把被积表达式 $f(x)\mathrm{d}x$ 凑成 $g[\varphi(x)]\varphi'(x)\mathrm{d}x$ 的形式，然后选取变换 $u=\varphi(x)$ ，从而让原不定积分化为易于积分的 $\int g(u)\,\mathrm{d}u$. 最后不要忘记将新引入的变量(u)还原为起始变量(x). 因此通常又把第一类换元积分法称为**凑微分法**.

在凑微分时，常用到下列微分式子.

（1）$\mathrm{d}x=\frac{1}{a}\mathrm{d}(ax+b)$ ；　　（2）$x\mathrm{d}x=\frac{1}{2}\mathrm{d}x^2$ ；

（3）$\frac{1}{x}\mathrm{d}x=\mathrm{d}\ln|x|$；　（4）$\frac{1}{\sqrt{x}}\mathrm{d}x=2\mathrm{d}\sqrt{x}$；

（5）$\frac{1}{x^2}\mathrm{d}x=-\mathrm{d}\frac{1}{x}$；　（6）$\frac{1}{1+x^2}\mathrm{d}x=\mathrm{d}\arctan x$；

（7）$\frac{1}{\sqrt{1-x^2}}\mathrm{d}x=\mathrm{d}\arcsin x$；　（8）$\mathrm{e}^x\mathrm{d}x=\mathrm{d}\mathrm{e}^x$；

（9）$\sin x\mathrm{d}x=-\mathrm{d}\cos x$；　（10）$\cos x\mathrm{d}x=\mathrm{d}\sin x$；

（11）$\sec^2 x\mathrm{d}x=\mathrm{d}\tan x$；　（12）$\csc^2 x\mathrm{d}x=-\mathrm{d}\cot x$；

（13）$\sec x\tan x\mathrm{d}x=\mathrm{d}\sec x$；　（14）$\csc x\cot x\mathrm{d}x=-\mathrm{d}\csc x$；

显然，微分式子绝非只有以上这些，大量的要具体问题具体分析.

3.2.2　第二类换元积分法

上面讨论的第一类换元积分法是选择积分变量 u，令 $u=\varphi(x)$ 进行积分，但对于某些被积函数来说，用第一类换元积分法很困难，如 $\sqrt{a^2-x^2}$. 而用相反的方法，令 $x=a\sin t$ 进行换元，使积分中根号去掉，就能比较顺利地求出结果.

定理 2　设 $x=\varphi(t)$ 是单调、可导函数，且 $\varphi(t)\neq 0$ ，又设 $f[\varphi(t)]\varphi'(t)$ 具有原函数 $F(t)$，则

$$\begin{aligned}\int f(x)\,\mathrm{d}x&=\int f[\varphi(t)]\varphi'(t)\mathrm{d}t=F(t)+C\\&=F[\varphi^{-1}(x)]+C\end{aligned}$$

通常把这样的积分法叫**第二类换元积分法**.

第二类换元积分法的关键是选择合适的代换 $x=\varphi(t)$ ，这里给出最常用的两类情形.

1. 简单的根式代换法

例 7　求 $\int\frac{1}{1+\sqrt{x}}\mathrm{d}x$.

解　求该积分的困难之处在于被积函数式中含有 $\sqrt{x}$ ，为了去根号，容易想到令 $\sqrt{x}=t$ ，即 $x=t^2$ （$t>0$），于是 $\mathrm{d}x=2t\mathrm{d}t$ ，把它们代入积分式，得

$$\begin{aligned}\int\frac{1}{1+\sqrt{x}}\mathrm{d}x&=\int\frac{2t}{1+t}\mathrm{d}t=2\int\frac{1+t-1}{1+t}\mathrm{d}t\\&=2\left[\int\mathrm{d}t-\int\frac{1}{1+t}\mathrm{d}(t+1)\right]\\&=2[t-\ln(1+t)]+C\end{aligned}$$

再把 $t=\sqrt{x}$ 回代上式，最后得

$$\int\frac{1}{1+\sqrt{x}}\mathrm{d}x=2[\sqrt{x}-\ln(1+\sqrt{x})]+C$$

例 8　求 $\int\frac{1}{\sqrt{x}+\sqrt[3]{x}}\mathrm{d}x$.

解　令 $x=t^6$，这时 $\sqrt{x}=t^3$， $\sqrt[3]{x}=t^2$， $\mathrm{d}x=6t^5\mathrm{d}t$ ，因此

$$\int\frac{1}{\sqrt{x}+\sqrt[3]{x}}\mathrm{d}x=\int\frac{6t^5}{t^3+t^2}\mathrm{d}t=6\int\frac{t^3}{t+1}\mathrm{d}t$$
$$=6\int\frac{(t^3+1)-1}{t+1}\mathrm{d}t=6\int\left[(t^2-t+1)-\frac{1}{t+1}\right]\mathrm{d}t$$
$$=2t^3-3t^2+6t-6\ln(t+1)+C$$

因为$x=t^6$，所以$t=\sqrt[6]{x}$，于是所求积分为

$$\int\frac{1}{\sqrt{x}+\sqrt[3]{x}}\mathrm{d}x=2\sqrt{x}-3\sqrt[3]{x}+6\sqrt[6]{x}-6\ln(\sqrt[6]{x}+1)+C$$

2. 三角代换法

例 9 求$\int\sqrt{a^2-x^2}\mathrm{d}x$.

解 令$x=a\sin t\left(-\frac{\pi}{2}<t<\frac{\pi}{2}\right)$，则

$$\sqrt{a^2-x^2}=\sqrt{a^2-a^2\sin^2 t}=a\cos t$$
$$\mathrm{d}x=a\cos t\mathrm{d}t$$

代入被积表达式，得

$$\int\sqrt{a^2-x^2}\mathrm{d}x=a^2\int\cos^2 t\mathrm{d}t=a^2\int\frac{1+\cos 2t}{2}\mathrm{d}t$$
$$=\frac{1}{2}a^2\left(\int\mathrm{d}t+\int\cos 2t\mathrm{d}t\right)=\frac{1}{2}a^2\left(\int\mathrm{d}t+\frac{1}{2}\int\cos 2t\mathrm{d}2t\right)$$
$$=\frac{1}{2}a^2t+\frac{1}{4}a^2\sin 2t+C$$

因为$x=a\sin t$，所以

$$t=\arcsin\frac{x}{a}$$
$$\cos t=\sqrt{1-\sin^2 t}=\sqrt{1-\left(\frac{x}{a}\right)^2}$$

于是，所求积分为

$$\int\sqrt{a^2-x^2}\mathrm{d}x=\frac{a^2}{2}\arcsin\frac{x}{a}+\frac{1}{2}x\sqrt{a^2-x^2}+C$$

例 10 求$\int\frac{1}{\sqrt{a^2+x^2}}\mathrm{d}x\ (a>0)$.

解 与例 9 类似，利用三角公式$1+\tan^2\alpha=\sec^2\alpha$使被积函数有理化.

令$x=a\tan t\left(-\frac{\pi}{2}<t<\frac{\pi}{2}\right)$，则

$$\sqrt{a^2+x^2}=\sqrt{a^2+a^2\tan^2 t}=a\sqrt{1+\tan^2 t}=a\sec t,\quad \mathrm{d}x=a\sec^2 t\mathrm{d}t.$$

于是所求积分为

$$\int\frac{1}{\sqrt{a^2+x^2}}\mathrm{d}x=\int\frac{a\sec^2 t}{a\sec t}\mathrm{d}t=\int\sec t\mathrm{d}t$$

由本节例 6（3）的结果，得

$$\int \frac{1}{\sqrt{a^2+x^2}}\mathrm{d}x = \ln\left|\sec t+\tan t\right| + C$$

为了使所得结果用原变量 x 来表示，可以根据 $\tan t = \frac{x}{a}$ 作辅助直角三角形（见图 3–1），于是有

$$\sec t = \frac{\sqrt{a^2+x^2}}{a}$$

因此 $$\int \frac{1}{\sqrt{a^2+x^2}}\mathrm{d}x = \ln\left|\frac{\sqrt{a^2+x^2}}{a}+\frac{x}{a}\right| + C_1$$

$$= \ln\left|\sqrt{a^2+x^2}+x\right| + C_1 - \ln a$$

$$= \ln\left|\sqrt{a^2+x^2}+x\right| + C$$

其中，$C = C_1 - \ln a$.

例 11 求 $\int \frac{1}{\sqrt{x^2-a^2}}\mathrm{d}x \ (x>a>0)$.

解 令 $x = a\sec t$ （$0<t<\frac{\pi}{2}$），则

$\sqrt{x^2-a^2} = \sqrt{a^2\sec^2 t - a^2} = a\sqrt{\sec^2 t - 1} = a\tan t$ ，$\mathrm{d}x = a\sec t\tan t\mathrm{d}t$ ，于是所求积分为

$$\int \frac{1}{\sqrt{x^2-a^2}}\mathrm{d}x = \int \frac{a\sec t\tan t}{a\tan t}\mathrm{d}t = \int \sec t\mathrm{d}t$$

$$= \ln\left|\sec t+\tan t\right| + C_1$$

为了使结果用变量 x 来表示，根据 $\sec t = \frac{x}{a}$ 作辅助直角三角形（见图 3–2），于是有

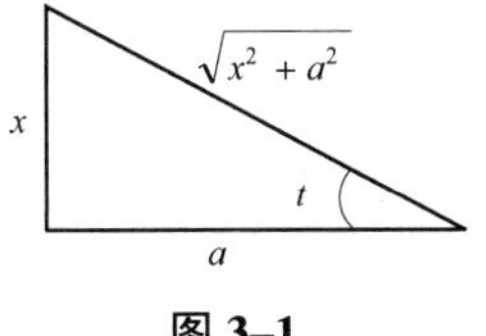

图 3–1

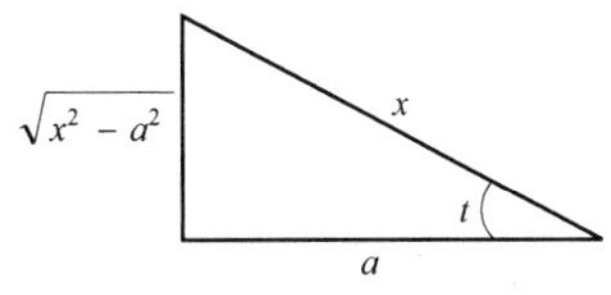

图 3–2

$$\tan t = \frac{\sqrt{x^2-a^2}}{a}$$

因此

$$\int \frac{1}{\sqrt{x^2-a^2}}\mathrm{d}x = \ln\left|\frac{x}{a}+\frac{\sqrt{x^2-a^2}}{a}\right| + C_1$$

$$= \ln\left|x+\sqrt{x^2-a^2}\right| + C_1 - \ln a$$

$$= \ln\left|x+\sqrt{x^2-a^2}\right| + C$$

其中，$C=C_1-\ln a$.

从上面的例子可以看出，当被积函数含有根式$\sqrt{a^2-x^2}$或$\sqrt{x^2\pm a^2}$时，可将被积表达式作如下变换：

（1）当含有$\sqrt{a^2-x^2}$时，令$x=a\sin t$.

（2）当含有$\sqrt{x^2+a^2}$时，令$x=a\tan t$.

（3）当含有$\sqrt{x^2-a^2}$时，令$x=a\sec t$.

这三种代换叫作**三角代换**.

习　题　3.2

1. 填空，使下列等式成立：

（1）$\mathrm{d}x=$_____$\mathrm{d}(7x-3)$；

（2）$x\mathrm{d}x=$_____$\mathrm{d}(1-x^2)$；

（3）$x^3\mathrm{d}x=$_____$\mathrm{d}(7x-3)$；

（4）$\mathrm{e}^{2x}\mathrm{d}x=$_____$\mathrm{d}\mathrm{e}^{2x}$；

（5）$\dfrac{\mathrm{d}x}{x}=$_____$\mathrm{d}(5\ln|x|)$；

（6）$\dfrac{\mathrm{d}x}{x}=$_____$\mathrm{d}(3-5\ln|x|)$；

（7）$\dfrac{1}{\sqrt{t}}\mathrm{d}x=$_____$\mathrm{d}\sqrt{t}$；

（8）$\dfrac{\mathrm{d}x}{\cos^2 2x}=$_____$\mathrm{d}\tan 2x$；

（9）$\dfrac{\mathrm{d}x}{1+9x^2}=$_____$\mathrm{d}\arctan 3x$.

2. 求下列不定积分：

（1）$\int \mathrm{e}^{3t}\mathrm{d}t$；

（2）$\int (3-5x)^3\mathrm{d}x$；

（3）$\int \dfrac{\mathrm{d}x}{3-2x}$；

（4）$\int \dfrac{\mathrm{d}x}{\sqrt[3]{5-3x}}$；

（5）$\int \left(\sin ax-\mathrm{e}^{\frac{x}{b}}\right)\mathrm{d}x$；

（6）$\int \dfrac{\cos\sqrt{t}}{\sqrt{t}}\mathrm{d}t$；

（7）$\int \tan^{10}x\sec^2 x\mathrm{d}x$；

（8）$\int \dfrac{\mathrm{d}x}{x\ln x\ln\ln x}$；

（9）$\int \tan\sqrt{1+x^2}\dfrac{x\mathrm{d}x}{\sqrt{1+x^2}}$；

（10）$\int \dfrac{\mathrm{d}x}{\sin x\cos x}$；

（11）$\int \dfrac{\mathrm{d}x}{\mathrm{e}^x+\mathrm{e}^{-x}}$；

（12）$\int x\cos(x^2)\mathrm{d}x$；

（13）$\int \dfrac{x\mathrm{d}x}{\sqrt{2-3x^2}}$；

（14）$\int \cos^2(\omega x)\sin(\omega x)\mathrm{d}x$；

（15）$\int \dfrac{3x^2\mathrm{d}x}{1-x^4}$；

（16）$\int \dfrac{\sin x}{\cos^3 x}\mathrm{d}x$；

（17）$\int \dfrac{x^9}{\sqrt{2-x^{20}}}\mathrm{d}x$；

（18）$\int \dfrac{1-x}{\sqrt{9-4x^2}}\mathrm{d}x$；

（19）$\int\frac{\mathrm{d}x}{2x^2-1}$；　（20）$\int\frac{x\mathrm{d}x}{(4-5x)^2}$；

（21）$\int\frac{x^2\mathrm{d}x}{(x-1)^{100}}$；　（22）$\int\frac{x\mathrm{d}x}{x^8-1}$；

（23）$\int\cos^3 x\mathrm{d}x$；　（24）$\int\sin 2x\cos 3x\mathrm{d}x$.

3. 求下列不定积分：

（1）$\int\frac{\mathrm{d}x}{x+\sqrt{1-x^2}}$；　（2）$\int\frac{\sqrt{x^2-9}}{x}\mathrm{d}x$；

（3）$\int\frac{\mathrm{d}x}{\sqrt{(x^2+1)^3}}$；　（4）$\int\frac{\mathrm{d}x}{(x^2+a^2)^{3/2}}$；

（5）$\int\frac{1}{x\sqrt{x^2-1}}\mathrm{d}x$；　（6）$\int\frac{\sqrt{x}}{1-\sqrt[3]{x}}\mathrm{d}x$.

3.3　分部积分法

换元积分法可以解决大量的不定积分计算问题，但对有些积分却不适用，如$\int x\mathrm{e}^x\mathrm{d}x$，$\int\ln x\mathrm{d}x$等. 本节介绍的分部积分法，将有效解决这一问题.

定理 1（分部积分法） 设$u=u(x)$，$v=v(x)$有连续的导数，则有分部积分公式

$$\int u(x)v'(x)\mathrm{d}x=u(x)v(x)-\int u'(x)v(x)\mathrm{d}x \tag{3–3}$$

或

$$\int u\mathrm{d}v=uv-\int v\mathrm{d}u \tag{3–4}$$

证明：由导数的乘法公式

$$[u(x)v(x)]'=u'(x)v(x)+u(x)v'(x)$$

对上式两边积分并移项，得

$$\int u(x)v'(x)\mathrm{d}x=u(x)v(x)-\int u'(x)v(x)\mathrm{d}x$$

或

$$\int u\mathrm{d}v=uv-\int v\mathrm{d}u$$

分部积分法的关键是如何选取u、v，使$\int v\mathrm{d}u$较$\int u\mathrm{d}v$容易积分.

选择u、v使用分部积分法的常见题型：

（1）形如$\int x^{\mu}\mathrm{e}^x\mathrm{d}x$，$\int x^{\mu}\sin x\mathrm{d}x$，$\int x^{\mu}\cos x\mathrm{d}x$，选$u=x^{\mu}$；

（2）形如$\int x^{\mu}\ln x\mathrm{d}x$，$\int x^{\mu}\arcsin x\mathrm{d}x$，$\int x^{\mu}\arctan x\mathrm{d}x$，选$v'=x^{\mu}$，或者选$\ln x,\arcsin x,\arctan x$为$u$.

例 1　求下列不定积分：

（1）$\int x\mathrm{e}^x\mathrm{d}x$；　（2）$\int\ln x\mathrm{d}x$；

（3）$\int x\sin^2 x\mathrm{d}x$；　　　　（4）$\int \arctan x\mathrm{d}x$.

解 用分部积分公式（3–4）时，一般用凑微分的方法把积分改写成$\int u\mathrm{d}v$的形式.

（1）$\int x\mathrm{e}^x\mathrm{d}x = \int x\mathrm{d}\mathrm{e}^x = x\mathrm{e}^x - \int \mathrm{e}^x\mathrm{d}x = x\mathrm{e}^x - \mathrm{e}^x + C$

（2）$\int \ln x\mathrm{d}x = x\ln x - x\mathrm{d}\ln x = x\ln x - \int x\cdot\frac{1}{x}\mathrm{d}x = x\ln x - \int \mathrm{d}x = x\ln x - x + C$

（3）
$$\begin{aligned}\int x\sin^2 x\mathrm{d}x &= \int x\frac{1-\cos 2x}{2}\mathrm{d}x = \frac{1}{2}\int x\mathrm{d}x - \frac{1}{2}\int x\cos 2x\mathrm{d}x \\ &= \frac{1}{4}x^2 - \frac{1}{4}\int x\mathrm{d}\sin 2x \\ &= \frac{1}{4}x^2 - \frac{1}{4}\left(x\sin 2x - \int \sin 2x\mathrm{d}x\right) \\ &= \frac{1}{4}x^2 - \frac{1}{4}x\sin 2x - \frac{1}{8}\cos 2x + C\end{aligned}$$

（4）
$$\begin{aligned}\int \arctan x\mathrm{d}x &= x\arctan x - \int x\mathrm{d}\arctan x = x\arctan x - \int x\frac{1}{1+x^2}\mathrm{d}x \\ &= x\arctan x - \frac{1}{2}\int \frac{\mathrm{d}(1+x^2)}{1+x^2} \\ &= x\arctan x - \frac{1}{2}\ln(1+x^2) + C\end{aligned}$$

例 2 求下列不定积分：

（1）$\int \mathrm{e}^x\sin x\mathrm{d}x$；　　　　（2）$\int \sqrt{x^2+a^2}\mathrm{d}x \ (a>0)$.

解 （1）记$I = \int \mathrm{e}^x\sin x\mathrm{d}x$，则

$$\begin{aligned}I &= \int \mathrm{e}^x\sin x\mathrm{d}x = \mathrm{e}^x\sin x - \int \mathrm{e}^x\cos x\mathrm{d}x \\ &= \mathrm{e}^x\sin x - \int \cos x\mathrm{d}\mathrm{e}^x \\ &= \mathrm{e}^x\sin x - \left(\mathrm{e}^x\cos x + \int \mathrm{e}^x\sin x\mathrm{d}x\right) \\ &= \mathrm{e}^x\sin x - \mathrm{e}^x\cos x - I\end{aligned}$$

因此解方程得$I = \frac{1}{2}\mathrm{e}^x(\sin x - \cos x) + C$.

（2）记$I = \int \sqrt{x^2+a^2}\mathrm{d}x$，则

$$\begin{aligned}I &= x\sqrt{x^2+a^2} - \int x\mathrm{d}\sqrt{x^2+a^2} \\ &= x\sqrt{x^2+a^2} - \int \frac{x^2}{\sqrt{x^2+a^2}}\mathrm{d}x \\ &= x\sqrt{x^2+a^2} - \int \frac{x^2+a^2-a^2}{\sqrt{x^2+a^2}}\mathrm{d}x \\ &= x\sqrt{x^2+a^2} + a^2\int \frac{\mathrm{d}x}{\sqrt{x^2+a^2}} - \int \sqrt{x^2+a^2}\mathrm{d}x\end{aligned}$$

易知

$$\int \frac{\mathrm{d}x}{\sqrt{x^2+a^2}} = \ln\left(x+\sqrt{x^2+a^2}\right)+C_1$$

因此

$$I = x\sqrt{x^2+a^2}+a^2\ln\left(x+\sqrt{x^2+a^2}\right)+a^2C_1-I$$

解方程得

$$I=\frac{1}{2}\left[x\sqrt{x^2+a^2}+a^2\ln\left(x+\sqrt{x^2+a^2}\right)\right]+C$$

例 3　求不定积分 $I_n=\int \frac{\mathrm{d}x}{(x^2+a^2)^n}$，其中 n 为正整数.

解　当 $n=1$ 时，有

$$I_1=\int \frac{1}{x^2+a^2}\,\mathrm{d}x=\frac{1}{a}\arctan\frac{x}{a}+C$$

当 $n>1$ 时，利用分部积分法，得

$$\begin{aligned}\int \frac{\mathrm{d}x}{(x^2+a^2)^{n-1}} &= \frac{x}{(x^2+a^2)^{n-1}}+2(n-1)\int \frac{x^2}{(x^2+a^2)^n}\,\mathrm{d}x \\ &= \frac{x}{(x^2+a^2)^{n-1}}+2(n-1)\int \left[\frac{1}{(x^2+a^2)^{n-1}}-\frac{a^2}{(x^2+a^2)^n}\right]\mathrm{d}x\end{aligned}$$

即 $I_{n-1}=\frac{x}{(x^2+a^2)^{n-1}}+2(n-1)(I_{n-1}-a^2I_n)$，于是 $I_n=\frac{1}{2a^2(n-1)}\left[\frac{x}{(x^2+a^2)^{n-1}}+(2n-3)I_{n-1}\right]$.
以此作为递推公式由 I_1 开始可以计算出 $I_n(n>1)$.

例 4　求下列不定积分：

（1）$\int \mathrm{e}^{\sqrt{x}}\mathrm{d}x$；　　　　（2）$\int \ln(1+\sqrt{x})\,\mathrm{d}x$.

解　（1）令 $t=\sqrt{x}$，则 $x=t^2(t\geqslant 0)$.

$$\begin{aligned}\int \mathrm{e}^{\sqrt{x}}\mathrm{d}x &= \int \mathrm{e}^t\mathrm{d}t^2 = 2\int t\cdot \mathrm{e}^t\mathrm{d}t \\ &= 2\int t\mathrm{d}\mathrm{e}^t = 2\left(t\cdot\mathrm{e}^t-\int \mathrm{e}^t\mathrm{d}t\right) \\ &= 2t\cdot\mathrm{e}^t-2\mathrm{e}^t+C \\ &= 2\sqrt{x}\cdot\mathrm{e}^{\sqrt{x}}-2\mathrm{e}^{\sqrt{x}}+C\end{aligned}$$

（2）令 $t=\sqrt{x}$，则 $x=t^2$.

$$\begin{aligned}\int \ln(1+\sqrt{x})\,\mathrm{d}x &= \int \ln(1+t)\,\mathrm{d}t^2 = t^2\ln(1+t)-\int t^2\mathrm{d}\ln(1+t) \\ &= t^2\ln(1+t)-\int \frac{t^2}{1+t}\,\mathrm{d}t = t^2\ln(1+t)-\int (t-1)\,\mathrm{d}t-\int \frac{\mathrm{d}t}{1+t} \\ &= t^2\ln(1+t)-\frac{t^2}{2}+t-\ln(1+t)+C \\ &= (x-1)\ln(1+\sqrt{x})+\sqrt{x}-\frac{x}{2}+C\end{aligned}$$

由例 4 我们看到，求不定积分的方法较为灵活，一般思路是先观察被积函数的结构，通过引入新变量来简化被积函数的形式，再选择恰当的方法.

习 题 3.3

1. 用分部积分法计算下列不定积分：

（1）$\int(1+3x+x^2)e^x dx$；（2）$\int e^x(\cos x-\sin x)dx$；

（3）$\int \sin\ln x dx$；（4）$\int\left(\frac{\ln x}{x}\right)^2 dx$；

（5）$\int\frac{\sin x}{e^x}dx$；（6）$\int\ln(1+x^2)\,dx$；

（7）$\int x\sec^2 x dx$；（8）$\int\ln(x+\sqrt{1+x^2})\,dx$；

（9）$\int x\sin x\cos x dx$；（10）$\int\sin 2x\ln\sin x dx$；

（11）$\int\sec^3 x dx$；（12）$\int(\arcsin x)^2 dx$.

3.4 有理函数的积分

本节要介绍一些简单的特殊类型的不定积分，包括有理函数的积分以及可化为有理函数的积分，如三角函数有理式、简单无理函数的积分等.

1. *有理函数的积分*

有理函数是指有理式表示的函数，它包括有理整式和有理分式两类：
有理整式

$$f(x)=a_0x^n+a_1x^{n-1}+\cdots+a_{n-1}x+a_n$$

有理分式

$$\frac{P(x)}{Q(x)}=\frac{a_0x^n+a_1x^{n-1}+\cdots+a_{n-1}x+a_n}{b_0x^m+b_1x^{m-1}+\cdots+b_{m-1}x+b_m}$$

其中，m、n 都是非负整数；a_0、a_1、…、a_n 及 b_0、b_1、…、b_n 都是实数，并且 $a_0\neq0$，$b_0\neq0$.

在有理分式中，$n<m$ 时，称为**真分式**；$n\geqslant m$ 时，称为**假分式.** 利用多项式除法，可以把任意一个假分式分成一个有理整式和一个真分式之和. 例如，$\frac{x^3+x+1}{x^2+1}=x+\frac{1}{x^2+1}$. 以下我们只讨论有理真分式的积分.

1）最简分式的积分

下列四类分式称为最简分式，其中，n 为大于等于 2 的正整数，A、M、N、a、p、q 均为常数，且 $p^2-4q<0$.

（1）$\frac{A}{x-a}$；（2）$\frac{A}{(x-a)^n}$；（3）$\frac{Mx+N}{x^2+px+q}$；（4）$\frac{Mx+N}{(x^2+px+q)^n}$.

下面我们来讨论这四类最简分式的不定积分.

前两类最简分式的最简积分可由基本积分公式直接得到. 对于第三类最简分式，将其分母配方得

$$x^2+px+q=\left(x+\frac{p}{2}\right)^2+q-\frac{p^2}{4}$$

令 $x+\frac{p}{2}=t$，并记 $x^2+px+q=t^2+a^2$，$Mx+N=Mt+b$，其中 $a^2=q-\frac{p^2}{4}$，$b=N-\frac{Mp}{2}$，于是

$$\int\frac{Mx+N}{x^2+px+q}\mathrm{d}x=\int\frac{Mt}{t^2+a^2}\mathrm{d}t+\int\frac{b}{t^2+a^2}\mathrm{d}t$$

$$=\frac{M}{2}\ln\left|x^2+px+q\right|+\frac{b}{a}\arctan\frac{x+\frac{p}{2}}{a}+C$$

对于第四类最简分式，则有

$$\int\frac{Mx+N}{(x^2+px+q)^n}\mathrm{d}x=\int\frac{Mt}{(t^2+a^2)^n}\mathrm{d}t+\int\frac{b}{(t^2+a^2)^n}\mathrm{d}t=-\frac{M}{2(n-1)(t^2+a^2)^{n-1}}+b\int\frac{\mathrm{d}t}{(t^2+a^2)^n} \tag{3-5}$$

式（3–5）最后一个不定积分的求法在上一节例 3 中已经给出.

2）有理分式化为最简分式的和

求有理函数的不定积分难点在于如何将所给有理真分式化为最简分式之和. 下面就来探讨这个问题.

设给定有理真分式 $\frac{P(x)}{Q(x)}$，要把它表示为最简分式之和，首先要把分母 $Q(x)$在实数范围内分解为一次因式与二次因式的乘积，再根据这些因式的结构利用待定系数法确定所有系数.

设多项式 $Q(x)$在实数范围内能分解为如下形式：

$$Q(x)=b_0(x-a)^{\alpha}\cdots(x-b)^{\beta}(x^2+px+q)^{\lambda}\cdots(x^2+rx+s)^{\mu}$$

其中，$p^2-4q<0$，…，$r^2-4s<0$，则

$$\begin{aligned}\frac{P(x)}{Q(x)}=&\frac{A_1}{(x-a)^{\alpha}}+\frac{A_2}{(x-a)^{\alpha-1}}+\cdots+\frac{A_{\alpha}}{x-a}+\cdots+\\&\frac{B_1}{(x-b)^{\beta}}+\frac{B_2}{(x-b)^{\beta-1}}+\cdots+\frac{B_{\beta}}{x-b}+\cdots+\\&\frac{M_1x+N_1}{(x^2+px+q)^{\lambda}}+\frac{M_2x+N_2}{(x^2+px+q)^{\lambda-1}}+\cdots+\frac{M_{\lambda}x+N_{\lambda}}{x^2+px+q}+\cdots+\\&\frac{R_1x+S_1}{(x^2+rx+s)^{\mu}}+\frac{R_2x+S_2}{(x^2+rx+s)^{\mu-1}}+\cdots+\frac{R_{\mu}x+S_{\mu}}{x^2+rx+s}\end{aligned}$$

其中，A_i、…、B_i、…、M_i、N_i、…、R_i及S_i都是常数.

在上述有理分式的分解式中，应注意以下两点：

（1）若分母 $Q(x)$中含有因式$(x-a)^k$，则分解后含有下列k个最简分式之和：$\dfrac{A_1}{(x-a)^k}+\dfrac{A_2}{(x-a)^{k-1}}+\cdots+\dfrac{A_k}{x-a}$，其中$A_1$、$A_2$、…、$A_k$都是常数. 特别地，若$k=1$，分解后有$\dfrac{A_1}{x-a}$.

（2）若分母$Q(x)$中含有因式$(x^2+px+q)^k$，其中$p^2-4q<0$，则分解后含有下列k个最简分式之和：

$\dfrac{M_1x+N_1}{(x^2+px+q)^k}+\dfrac{M_2x+N_2}{(x^2+px+q)^{k-1}}+\cdots+\dfrac{M_kx+N_k}{x^2+px+q}$，其中，$M_i$、$N_i$ $(i=1,2,\cdots,k)$都是常数. 特别地，若$k=1$，分解后有$\dfrac{M_1x+N_1}{x^2+px+q}$.

例 1 求不定积分$\displaystyle\int\frac{x+3}{x^2-5x+6}\mathrm{d}x$.

解 因为$x^2-5x+6=(x-2)(x-3)$，所以设$\dfrac{x+3}{x^2-5x+6}=\dfrac{A}{x-2}+\dfrac{B}{x-3}$，其中$A$、$B$为待定常数，利用待定系数法可以解得$A=-5,B=6$，即

$$\frac{x+3}{x^2-5x+6}=\frac{-5}{x-2}+\frac{6}{x-3}$$

所以

$$\int\frac{x+3}{x^2-5x+6}\mathrm{d}x=\int\left(\frac{-5}{x-2}+\frac{6}{x-3}\right)\mathrm{d}x=-5\ln|x-2|+6\ln|x-3|+C$$

例 2 求不定积分$\displaystyle\int\frac{1}{x(x-1)^2}\mathrm{d}x$.

解 被积函数可拆成

$$\frac{1}{x(x-1)^2}=\frac{A}{x}+\frac{B}{(x-1)^2}+\frac{C}{x-1}$$

其中，A、B、C为待定常数，等号两边消去分母得

$$1=A(x-1)^2+Bx+Cx(x-1)$$

令$x=0$，得$A=1$；令$x=1$，得$B=1$；令$x=2$，得$C=-1$，即

$$\frac{1}{x(x-1)^2}=\frac{1}{x}+\frac{1}{(x-1)^2}+\frac{-1}{x-1}$$

所以

$$\int\frac{1}{x(x-1)^2}\mathrm{d}x=\int\left[\frac{1}{x}+\frac{1}{(x-1)^2}+\frac{1}{x-1}\right]\mathrm{d}x=\ln|x|-\frac{1}{x-1}-\ln|x-1|+C$$

例 3 求不定积分$\displaystyle\int\frac{1}{(1+2x)(1+x^2)}\mathrm{d}x$.

解　设被积函数可分解成$\frac{1}{(1+2x)(1+x^2)}=\frac{A}{1+2x}+\frac{Bx+C}{1+x^2}$，其中$A$、$B$、$C$为待定系数，两端消去分母得

$$1=A(1+x^2)+(Bx+C)(1+2x)$$

整理得

$$1=(A+2B)x^2+(B+2C)x+C+A$$

即

$\begin{cases}A+2B=0,\\B+2C=0,\\A+C=1.\end{cases}$解得$A=\frac{4}{5},B=-\frac{2}{5},C=\frac{1}{5}$，所以

$$\begin{aligned}\int\frac{1}{(1+2x)(1+x^2)}\mathrm{d}x&=\int\frac{\frac{4}{5}}{1+2x}\mathrm{d}x+\int\frac{-\frac{2}{5}x+\frac{1}{5}}{1+x^2}\mathrm{d}x\\&=\frac{2}{5}\ln|1+2x|-\frac{1}{5}\int\frac{2x}{1+x^2}\mathrm{d}x+\frac{1}{5}\int\frac{1}{1+x^2}\mathrm{d}x\\&=\frac{2}{5}\ln|1+2x|-\frac{1}{5}\ln\left|1+x^2\right|+\frac{1}{5}\arctan x+C\end{aligned}$$

2. 可化为有理函数的积分

1）三角函数有理式的积分

由$\sin x$、$\cos x$和常数经过有限次四则运算构成的函数称为三角有理函数，记为$R(\sin x,\cos x)$. 三角函数的积分比较灵活，前面已经用过的方法有换元积分法和分部积分法. 这里，我们主要介绍三角函数有理式的积分方法，其基本思想是通过适当的变换，将三角有理函数转化为有理函数的积分.

由三角函数理论可知，$\sin x$和$\cos x$都可以用$\tan\frac{x}{2}$的有理式来表示，即$\sin x=2\sin\frac{x}{2}\cos\frac{x}{2}=\frac{2\tan\frac{x}{2}}{1+\tan^2\frac{x}{2}}$，$\cos x=\frac{1-\tan^2\frac{x}{2}}{1+\tan\frac{x}{2}}$，因此，如果令$u=\tan\frac{x}{2}$，则$x=2\arctan u$，从而有

$$\sin x=\frac{2u}{1+u^2},\cos x=\frac{1-u^2}{1+u^2},\mathrm{d}x=\frac{2\mathrm{d}u}{1+u^2} \tag{3-6}$$

由此可见，通过变换$u=\tan\frac{x}{2}$，三角函数有理式的积分总可以化为有理函数的积分，即

$$\int R(\sin x,\cos x)\,\mathrm{d}x=\int R\left(\frac{2u}{1+u^2},\frac{1-u^2}{1+u^2}\right)\frac{2}{1+u^2}\mathrm{d}u \tag{3-7}$$

这个变换公式称为**万能置换公式**. 若令$u=\tan x$，则可以推出

$$\sin x=\frac{u}{\sqrt{1+u^2}},\cos x=\frac{1}{\sqrt{1+u^2}},\mathrm{d}x=\frac{1}{1+u^2}\mathrm{d}u \tag{3-8}$$

这个变换公式常称为**修改的万能置换公式.**

例 4 求不定积分$\int\frac{\sin x}{1+\sin x+\cos x}\mathrm{d}x$.

解 由万能置换公式，令$u=\tan\frac{x}{2}$，则

$$\int\frac{\sin x}{1+\sin x+\cos x}\mathrm{d}x=\int\frac{\frac{2u}{1+u^2}\cdot\frac{2}{1+u^2}\mathrm{d}u}{1+\frac{2u}{1+u^2}+\frac{1-u^2}{1+u^2}}=\int\frac{2u}{(1+u)(1+u^2)}\mathrm{d}u$$

$$=\int\frac{2u+1+u^2-1-u^2}{(1+u)(1+u^2)}\mathrm{d}u=\int\frac{(1+u)^2-(1+u^2)}{(1+u)(1+u^2)}\mathrm{d}u$$

$$=\int\frac{1+u}{1+u^2}\mathrm{d}u-\int\frac{1}{1+u}\mathrm{d}u=\arctan u+\frac{1}{2}\ln(1+u^2)-\ln|1+u|+C$$

$$=\frac{x}{2}+\ln\left|\sec\frac{x}{2}\right|-\ln\left|1+\tan\frac{x}{2}\right|+C$$

例 5 求不定积分$\int\frac{1}{\sin^4 x}\mathrm{d}x$.

解 法一 由万能置换公式，令$u=\tan\frac{x}{2}$，则

$$\int\frac{1}{\sin^4 x}\mathrm{d}x=\int\frac{1}{\left(\frac{2u}{1+u^2}\right)^4}\cdot\frac{2}{1+u^2}\mathrm{d}u$$

$$=\int\frac{1+3u^2+3u^4+u^6}{8u^4}\mathrm{d}u=\frac{1}{8}\left[-\frac{1}{3u^3}-\frac{3}{u}+3u+\frac{u^3}{3}\right]+C$$

$$=-\frac{1}{24\left(\tan\frac{x}{2}\right)^3}-\frac{3}{8\tan\frac{x}{2}}+\frac{3}{8}\tan\frac{x}{2}+\frac{1}{24}\left(\tan\frac{x}{2}\right)^3+C$$

法二 利用修改的万能置换公式，令$u=\tan x$，则

$$\int\frac{1}{\sin^4 x}\mathrm{d}x=\int\frac{1}{\left(\frac{u}{\sqrt{1+u^2}}\right)^4}\cdot\frac{1}{1+u^2}\mathrm{d}u=\int\frac{1+u^2}{u^4}\mathrm{d}u$$

$$=-\frac{1}{3u^3}-\frac{1}{u}+C$$

$$=-\frac{1}{3}\cot^3 x-\cot x+C$$

法三 不用万能置换公式.

$$\int \frac{1}{\sin^4 x}\mathrm{d}x = \int \csc^2 x(1+\cot^2 x)\mathrm{d}x = \int \csc^2 x\mathrm{d}x + \int \cot^2 x \csc^2 x\mathrm{d}x$$
$$= -\cot x - \frac{1}{3}\cot^3 x + C$$

注：比较以上三种解法可知，万能置换不一定是最佳方法，故三角有理式的计算中先考虑其他手段，不得已再用万能置换公式.

2. 可化为有理函数的积分

求简单无理函数的积分，其基本思想是利用适当的变换将其有理化，转化为有理函数的积分，下面举例说明.

例 6 求不定积分$\int \frac{1}{x+\sqrt{x}}\mathrm{d}x$.

解 令变量$t=\sqrt{x}$，即$x=t^2$ $(t>0)$，从而微分$\mathrm{d}x=2t\mathrm{d}t$，所以不定积分

$$\int \frac{1}{x+\sqrt{x}}\mathrm{d}x = \int \frac{1}{t^2+t}\cdot 2t\mathrm{d}t = 2\int \frac{1}{t+1}\mathrm{d}t$$
$$= 2\ln|t+1| + C = 2\ln\left(\sqrt{x}+1\right) + C$$

例 7 求不定积分$\int \frac{1}{\sqrt{x}(1+\sqrt[3]{x})}\mathrm{d}x$.

解 令$x=t^6$，则$\mathrm{d}x=6t^5\mathrm{d}t$，从而

$$\int \frac{1}{\sqrt{x}(1+\sqrt[3]{x})}\mathrm{d}x = \int \frac{6t^5}{t^3(1+t^2)}\mathrm{d}t = \int \frac{6t^2}{1+t^2}\mathrm{d}t$$
$$= 6\int \frac{t^2+1-1}{1+t^2}\mathrm{d}t = 6\int\left(1-\frac{1}{1+t^2}\right)\mathrm{d}t$$
$$= 6[t-\arctan t] + C = 6[\sqrt[6]{x} - \arctan\sqrt[6]{x}] + C$$

本章我们介绍了不定积分的概念及计算方法，必须指出的是：初等函数在它有定义的区间上不定积分一定存在，但不定积分存在与不定积分能否用初等函数表示出来不是一回事.事实上，很多初等函数，它们的不定积分是存在的，但它们的不定积分却无法用初等函数表示出来，如$\int \mathrm{e}^{-x^2}\mathrm{d}x$、$\int \frac{\sin x}{x}\mathrm{d}x$、$\int \frac{1}{\sqrt{1+x^3}}\mathrm{d}x$. 同时，我们应了解，求函数的不定积分与求函数的导数的区别. 求一个函数的导数可以循着一定的规则和方法做，而求一个函数的不定积分却无统一规则可循，需要具体问题具体分析，灵活应用各类积分方法和技巧.

习 题 3.4

1. 求下列不定积分：

（1）$\int \frac{x^3}{x+3}\mathrm{d}x$；　　（2）$\int \frac{x^5+x^4-8}{x^3-x}\mathrm{d}x$；

（3）$\int\frac{3}{x^3+1}\mathrm{d}x$；（4）$\int\frac{x+1}{(x-1)^3}\mathrm{d}x$；

（5）$\int\frac{3x+2}{x(x+1)^3}\mathrm{d}x$；（6）$\int\frac{x}{(x+2)(x+3)^2}\mathrm{d}x$；

（7）$\int\frac{3x}{x^3-1}\mathrm{d}x$；（8）$\int\frac{x^4}{x^3+x^2+x+1}\mathrm{d}x$；

（9）$\int\frac{x^2+1}{(x+1)^2(x-1)}\mathrm{d}x$；（10）$\int\frac{1}{(1+x^2)(x^2+x+1)}\mathrm{d}x$.

2. 求下列不定积分：

（1）$\int\frac{1}{3+\sin^2 x}\mathrm{d}x$；（2）$\int\frac{1}{3+\cos x}\mathrm{d}x$；

（3）$\int\frac{1}{2+\sin x}\mathrm{d}x$；（4）$\int\frac{1}{1+\tan x}\mathrm{d}x$；

（5）$\int\frac{1}{1+\sin x+\cos x}\mathrm{d}x$；（6）$\int\frac{1}{2\sin x-\cos x+5}\mathrm{d}x$；

（7）$\int\frac{x^3}{1+\sqrt[3]{1+x^4}}\mathrm{d}x$；（8）$\int\frac{x^2}{\sqrt{a^2-x^2}}\mathrm{d}x$.

复 习 题 三

求下列不定积分：

（1）$\int\frac{\sqrt{x}-2\sqrt[3]{x}-1}{\sqrt[4]{x}}\mathrm{d}x$；（2）$\int x\arcsin x\mathrm{d}x$；

（3）$\int\frac{\mathrm{d}x}{1+\sqrt{x}}$；（4）$\int \mathrm{e}^{\sin x}\sin 2x\mathrm{d}x$；

（5）$\int \mathrm{e}^{\sqrt{x}}\mathrm{d}x$；（6）$\int\frac{\mathrm{d}x}{x\sqrt{x^2-1}}$；

（7）$\int\frac{1-\tan x}{1+\tan x}\mathrm{d}x$；（8）$\int\frac{x^2-x}{(x-2)^3}\mathrm{d}x$；

（9）$\int\frac{\mathrm{d}x}{\cos^4 x}$；（10）$\int\sin^4 x\mathrm{d}x$；

（11）$\int\frac{x-5}{x^3-3x^2+4}\mathrm{d}x$；（12）$\int\arctan(1+\sqrt{x})\,\mathrm{d}x$；

（13）$\int\frac{x^7}{x^4+2}\mathrm{d}x$；（14）$\int\frac{\tan x}{1+\tan x+\tan^2 x}\mathrm{d}x$；

（15）$\int\frac{x^2}{(1-x)^{100}}\mathrm{d}x$；（16）$\int\frac{\arcsin x}{x^2}\mathrm{d}x$；

（17）$\int x\ln\left(\frac{1+x}{1-x}\right)\mathrm{d}x$；（18）$\int\frac{\mathrm{d}x}{\sqrt{\sin x\cos^7 x}}\mathrm{d}x$.

定积分及其应用

4.1 定积分的概念

4.1.1 引例

求不定积分是求导数的逆运算，定积分则是某种特殊和式的极限，它们之间既有区别又有联系，现在先从两个例子来看定积分的概念是怎样提出来的.

1. *曲边四边形的面积*

设 f 为闭区间$[a, b]$上的连续函数，$f(x)\geqslant 0$. 由曲线 $y=f(x)$，直线 $x=a$，$x=b$ 以及 x 轴所围成的平面图形（见图 4–1）称为曲边梯形. 下面讨论曲边梯形的面积（这是求任何曲线边界图形面积的基础）. 如图 4–2 所示，用分点 $a=x_0<x_1<x_2<\cdots<x_{n-1}<x_n=b$ 将区间$[a, b]$分成 n 个小区间：$[x_0,x_1]$，$[x_1,x_2]$，…，$[x_{n-1},x_n]$，且每个小区间的长度为 $\Delta x_i=x_i-x_{i-1}(i=1,2,\cdots,n)$. 过分点 $x_i(i=1,2,\cdots,n)$ 作 x 轴的垂线，将曲边四边形 $AaBb$ 分成 n 个小曲边梯形，其第 i 个小曲边梯形的面积为 ΔA_i（$i=1,2,3,\cdots,n$）. 以 Δx_i 为底边，$f(\xi_i)$ 为高作小矩形，其面积用 ΔS_i 表示，则有 $\Delta S_i=f(\xi_i)\Delta x_i$，且当 Δx_i 很小时，有 $\Delta S_i\approx\Delta A_i$（$i=1,2,\cdots,n$）.

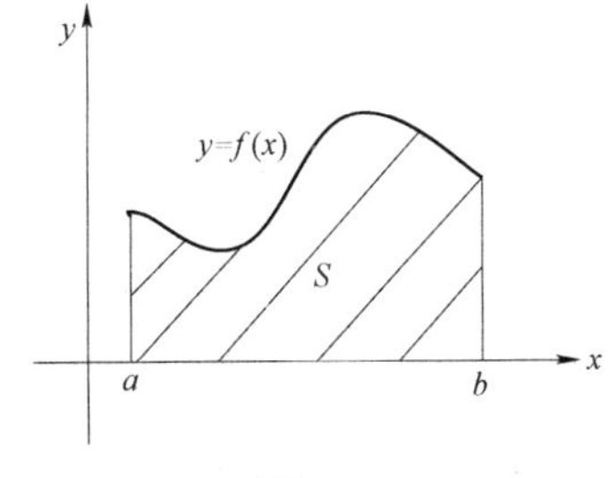

图 4–1

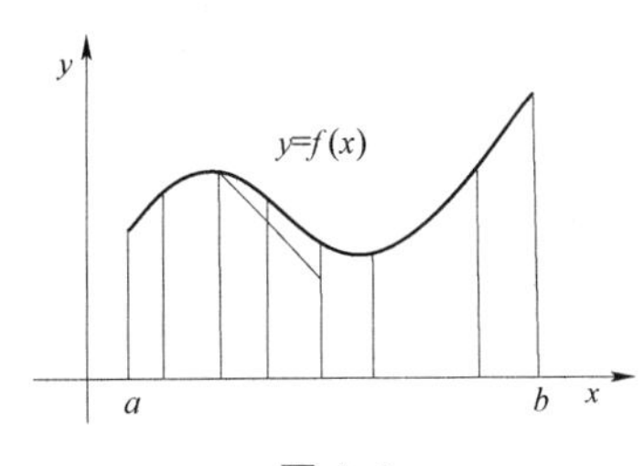

图 4–2

分点越多，Δx_i 越小，ΔS_i 与 ΔA_i 的其近似程度越高，小矩形的面积总和也就越接近于曲边梯形 $AaBb$．设小矩形面积总和为 S_n，则

$$S_n=\sum_{i=1}^{n}\Delta S_i=\sum_{i=1}^{n}f(\xi_i)\Delta x_i$$

此为曲边梯形的近似值，如果我们用

$$\Delta x=\max_{1\leqslant i\leqslant n}\{\Delta x_i\}$$

表示所有小区间中的最大区间长度，当分点数 n 无限增大且 Δx 趋于零时，S_n 便趋近于曲边梯形 $AaBb$ 的面积 S，即

$$S=\lim_{\Delta x\to 0}\sum_{i=1}^{n}f(\xi_i)\Delta x_i$$

2. 变速直线运动的距离

当物体做匀速直线运动时，其运动距离等于速度乘时间，如果物体运动的速度 v 随时间变化而变化，即 v 是时间 t 的函数 $v=v(t)$，求此物体在时间区间$[a, b]$上运动的距离 S．

用分点 $a=t_0<t_1<\cdots<t_{n-1}<t_n=b$ 将时间区间$[a, b]$分成 n 个小区间：$[t_0,t_1]$，$[t_1,t_2]$，…，$[t_{n-1},t_n]$，那么每个小区间的长度分别为 $\Delta t_i=t_i-t_{i-1}$（$i=1,2,3,\cdots,n$）．在每个小区间 $[t_{i-1},t_i]$（$i=1,2,3,\cdots,n$）上任取一时刻 T_i（$t_{i-1}\leqslant T_i\leqslant t_i$），以 $v(T_i)\Delta t_i$ 作为物体在区间 $[t_{i-1},t_i]$ 上运动距离 ΔS_i 的近似值，即 $\Delta S_i\approx v(T_i)\Delta t_i$（$i=1,2,3,\cdots,n$），则物体在时间区间$[a, b]$上运动的距离 S 的近似值为

$$S_n=v(T_1)\Delta t_1+v(T_2)\Delta t_2+\cdots+v(T_n)\Delta t_n=\sum_{i=1}^{n}v(T_i)\Delta t_i$$

当分点数 n 无限增大（$n\to\infty$）而小时间区间中最大的长度 Δt 趋于 0 时，总和 S_n 的极限就是物体以变速 $v(t)$ 从时刻 a 到时刻 b 这段时间内运动的距离 S，即

$$S=\lim_{\Delta t\to 0}\sum_{i=1}^{n}v(T_i)\Delta t_i$$

从上面两个例子可以看出，问题虽然不同，但解决的方法是一致的，都可以归结为求同一结构形式的极限，而且所用到的步骤都是

（1）分割：将$[a, b]$分成 n 个小区间；

（2）近似代替：$f(\xi_i)\Delta x_i$；

（3）求和：$\sum\limits_{i=1}^{n}f(\xi_i)\Delta x_i$；

（4）取极限：$\lim\limits_{\Delta x\to 0}\sum\limits_{i=1}^{n}f(\xi_i)\Delta x_i$．

解决此类问题的思想方法概括起来说就是“分割、近似求和、取极限”，这就是定积分产生的背景.

4.1.2　定积分的定义

定义 1　如果函数 $f(x)$在区间$[a, b]$上有界，用点 $a=x_0<x_1<\cdots<x_{n-1}<x_n=b$，将区间$[a, b]$分成 n 个小区间 $[x_{i-1}, x_i]$（$i=1,2,\cdots,n$），其长度 $\Delta x_i=x_i-x_{i-1}$. 在每个小区间 $[x_{i-1}, x_i]$ 上任取一点 ξ_i（$x_{i-1}\leqslant\xi_i\leqslant x_i$），乘积 $f(\xi_i)\Delta x_i$（$i=1,2,\cdots,n$）称为积分元素，总和 $S_n=\sum\limits_{i=1}^{n} f(\xi_i)\Delta x_i$ 称为积分和. 如果当 n 无限增大，而 Δx_i 中的最大者 $\Delta x\to 0$（$\Delta x=\max\limits_{1\leqslant i\leqslant n}\{\Delta x_i\}$）时，总和 S_n 的极限存在，且此极限与$[a, b]$的分法及点 ξ_i 的取法无关，则称函数 $f(x)$在区间$[a, b]$上是可积的，并将此极限值称为函数 $f(x)$在区间$[a, b]$上的积分，记为$\int_a^b f(x)\,\mathrm{d}x$，即

$$\int_a^b f(x)\,\mathrm{d}x=\lim_{\Delta x\to 0}\sum_{i=1}^{n} f(\xi_i)\Delta x_i$$

其中，$f(x)$叫作积函数，$f(x)\mathrm{d}x$ 叫作被积表达式，x 为积分变量，$[a, b]$为积分区间，a 为积分下限，b 为积分上限.

关于定积分有如下三个重要结论：

（1）如果积分和的极限存在，则此极限是个常量，它只与被积函数 $f(x)$以及积分区间$[a, b]$有关，而与积分变量用什么字母表示无关，即有

$$S=\int_a^b f(x)\,\mathrm{d}x=\int_a^b f(t)\,\mathrm{d}t$$

（2）定积分与区间$[a, b]$的分割方法无关；

（3）在定积分的定义中，若 $b<a$，则有

$$\int_b^a f(x)\,\mathrm{d}x=-\int_a^b f(x)\,\mathrm{d}x$$

即定积分的上限与下限互换时，定积分变号.

特别地，当 $a=b$ 时，有 $\int_a^b f(x)\mathrm{d}x=0$.

关于定积分的存在性给出下面两个定理（不再证明）：

定理 1　设函数 $f(x)$在区间$[a, b]$上连续，则 $f(x)$在区间$[a, b]$上可积.

定理 2　设函数 $f(x)$在区间$[a, b]$上有界，且只有有限个间断点，则 $f(x)$在$[a, b]$上可积.

4.1.3　定积分的几何意义

定积分的几何意义：当 $f(x)\geqslant 0$ 时，定积分 $\int_a^b f(x)\mathrm{d}x$ 表示由 $y=f(x)$，$y=0$，$x=a$，$x=b$ 所围图形的面积. 如果 $f(x)\leqslant 0$，由 $y=f(x)$，$y=0$，$x=a$，$x=b$ 所围成的图形在 x 轴下方，则定积分 $\int_a^b f(x)\,\mathrm{d}x$ 的值是曲边梯形面积的负值；如果 $f(x)$在$[a, b]$上某一些区间为正，在另一些区间为负，我们就将所围的面积按上述规律相应地赋予正、负号，则定积分 $\int_a^b f(x)\,\mathrm{d}x$ 的值就是这些面积的代数和（见图 4–3）.

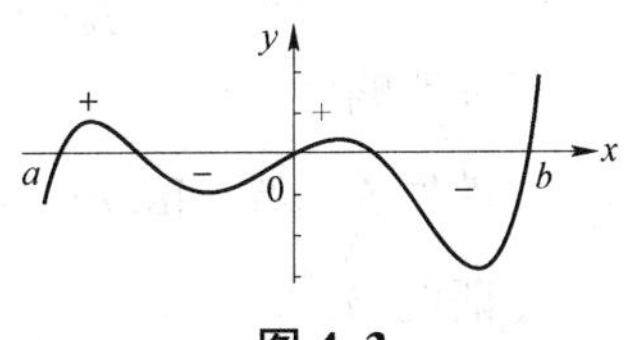

图 4–3

习 题 4.1

1. 如何理解定积分和极限的关系?
2. 利用定积分的定义计算积分 $\int_0^1 x^2 \mathrm{d}x$.
3. 利用定积分的几何意义求 $\int_0^1 (1-x)\,\mathrm{d}x$.

4.2 定积分的性质

性质 1 代数和的积分等于积分的代数和，即

$$\int_a^b [f(x) \pm g(x)]\,\mathrm{d}x = \int_a^b f(x)\,\mathrm{d}x \pm \int_a^b g(x)\,\mathrm{d}x \tag{4-1}$$

该性质可以推广到有限个函数的情况:

$$\int_a^b [f_1(x) \pm f_2(x) \pm \cdots \pm f_n(x)]\,\mathrm{d}x = \int_a^b f_1(x)\,\mathrm{d}x \pm \int_a^b f_2(x)\,\mathrm{d}x \pm \cdots \pm \int_a^b f_n(x)\,\mathrm{d}x$$

证明

$$\begin{aligned}\int_a^b [f(x) \pm g(x)]\,\mathrm{d}x &= \lim_{\Delta x \to 0} \sum_{i=1}^{n} \left[f(\xi_i) \pm g(\xi_i) \right] \Delta x_i \\ &= \lim_{\Delta x \to 0} \sum_{i=1}^{n} f(\xi_i) \Delta x_i \pm \lim_{\Delta x \to 0} \sum_{i=1}^{n} g(\xi_i) \Delta x_i \\ &= \int_a^b f(x)\,\mathrm{d}x \pm \int_a^b g(x)\,\mathrm{d}x\end{aligned}$$

性质 2 $\int_a^b kf(x)\mathrm{d}x = k\int_a^b f(x)\mathrm{d}x$ （k 为常数） (4-2)

证明 $\int_a^b kf(x)\,\mathrm{d}x = \lim\limits_{\Delta x \to 0} \sum\limits_{i=1}^{n} kf(\xi_i) \Delta x_i = \lim\limits_{\Delta x \to 0} k \sum\limits_{i=1}^{n} f(\xi_i) \Delta x_i = k\int_a^b f(x)\mathrm{d}x$

性质 3（定积分的可加性）

$$\int_a^b f(x)\,\mathrm{d}x = \int_a^c f(x)\mathrm{d}x + \int_c^b f(x)\mathrm{d}x \tag{4-3}$$

证明略.

性质 4 若 $f(x)=1$ ，则 $\int_a^b f(x)\,\mathrm{d}x = \int_a^b \mathrm{d}x = b-a$.

若 $f(x)=k$ ，则 $\int_a^b f(x)\mathrm{d}x = \int_a^b k\mathrm{d}x = k(b-a)$.

证明略.

性质 5 若在$[a, b]$上，有 $f(x) \leqslant g(x)$，则 $\int_a^b f(x)\mathrm{d}x \leqslant \int_a^b g(x)\mathrm{d}x$ （$a<b$）.

证明略.

推论 1 若在$[a,b]$上 $f(x)>0$，则 $\int_a^b f(x)\mathrm{d}x \geqslant 0$ （$a<b$）.

推论 2 $\left|\int_a^b f(x)\mathrm{d}x\right| \leqslant \int_a^b |f(x)|\mathrm{d}x$ （$a<b$）

证明 因为$-|f(x)| \leqslant f(x) \leqslant |f(x)|$，所以

$$-\int_a^b |f(x)|\mathrm{d}x \leqslant \int_a^b f(x)\mathrm{d}x \leqslant \int_a^b |f(x)|\mathrm{d}x$$

即

$$\left|\int_a^b f(x)\mathrm{d}x\right| \leqslant \int_a^b |f(x)|\mathrm{d}x$$

例 1 比较积分值$\int_0^{-2} \mathrm{e}^x \mathrm{d}x$和$\int_0^{-2} x\mathrm{d}x$的大小.

解 令$f(x)=\mathrm{e}^x - x$，$x\in[-2,0]$，因为$f(x)>0$，所以

$$\int_{-2}^0 (\mathrm{e}^x - x)\mathrm{d}x > 0$$

即

$$\int_{-2}^0 \mathrm{e}^x \mathrm{d}x > \int_{-2}^0 x\mathrm{d}x$$

从而

$$\int_0^{-2} \mathrm{e}^x \mathrm{d}x < \int_0^{-2} x\mathrm{d}x$$

例 2 确定定积分$\int_{\frac{1}{2}}^1 x^2 \ln x\mathrm{d}x$的符号.

解 在$\left[\frac{1}{2},1\right]$上，$\ln x<0$，则$x^2 \ln x<0$，所以

$$\int_{\frac{1}{2}}^1 x^2 \ln x\mathrm{d}x < 0$$

性质 6（定积分估值定理） 设M和m分别是$f(x)$在区间$[a, b]$上的最大值和最小值，则

$$m(b-a) \leqslant \int_a^b f(x)\mathrm{d}x \leqslant M(b-a).$$

利用性质 4 和性质 5 易证性质 6.

例 3 估计定积分$\int_{\frac{\pi}{4}}^{\frac{5\pi}{4}} (1+\sin^2 x)\mathrm{d}x$的值的范围.

解 令$f(x)=1+\sin^2 x$，当$x\in\left[\frac{\pi}{4},\frac{5\pi}{4}\right]$时，$f(x)$的最大值、最小值分别为

$$M=f\left(\frac{\pi}{2}\right)=2,\quad m=f(\pi)=1$$

所以

$$\pi=\left(\frac{5\pi}{4}-\frac{\pi}{4}\right)\cdot 1 \leqslant \int_{\frac{\pi}{4}}^{\frac{5\pi}{4}} (1+\sin^2 x)\mathrm{d}x \leqslant \left(\frac{5\pi}{4}-\frac{\pi}{4}\right)\cdot 2=2\pi$$

性质 7（积分中值定理） 如果$f(x)$在区间$[a, b]$上连续，则在$[a, b]$上至少存在一点ξ，使得

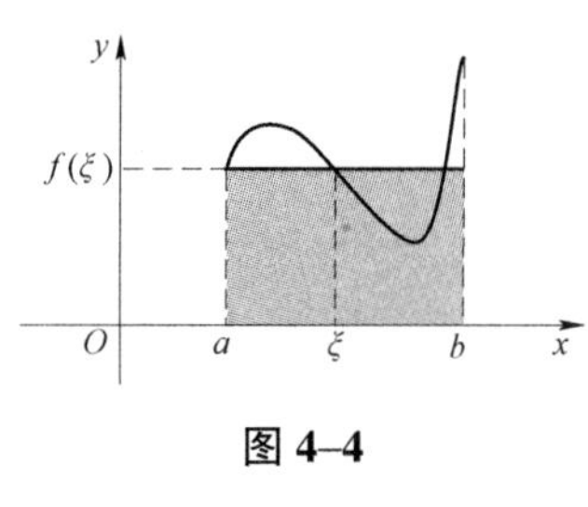

图 4–4

$$\int_a^b f(x)\mathrm{d}x = f(\xi)\cdot(b-a)$$

该定理的证明留给读者思考，我们可以给出如下几何解释：在$[a, b]$上至少存在一点ξ，使得以$[a, b]$为底，曲线$y=f(x)$为曲边的曲边梯形的面积等于同一底边而高为$f(\xi)$的一个矩形的面积（见图 4–4），显然该定理不论是$a<b$还是$a>b$都成立.

习 题 4.2

1. 填空题：

（1）$\lim\limits_{n\to\infty}\left(\dfrac{1}{n+1}+\dfrac{1}{n+2}+\cdots+\dfrac{1}{n+n}\right)=$________.

（2）估计定积分的值：________$\leqslant\int_{\frac{\pi}{4}}^{\frac{\pi}{3}}\dfrac{\mathrm{d}x}{1+\sin^2 x}\leqslant$________.

（3）运用积分中值定理可得$\lim\limits_{x\to a}\dfrac{1}{x-a}\int_a^x f(t)\mathrm{d}t=$________.（$f(x)$是连续函数）

2. 不计算积分，比较下列各对积分的大小：

（1）$\int_0^1 x\mathrm{d}x$与$\int_0^1 x^2\mathrm{d}x$；　（2）$\int_1^2 \ln x\mathrm{d}x$与$\int_1^2 (\ln x)^2$；

（3）$\int_0^{\frac{\pi}{2}} \sin x\mathrm{d}x$与$\int_0^{\frac{\pi}{2}} x\mathrm{d}x$；　（4）$\int_1^{\mathrm{e}} (x-1)\mathrm{d}x$与$\int_1^{\mathrm{e}} \ln x\mathrm{d}x$.

3. 利用定积分的性质，估计下列积分值的范围：

（1）$\int_0^{\frac{\pi}{2}} \mathrm{e}^{\sin x}\mathrm{d}x$；　（2）$\int_{\frac{\pi}{4}}^{\frac{5\pi}{4}} (1+\sin^2 x)\,\mathrm{d}x$.

4.3　微积分基本定理

我们知道，原函数概念与作为积分和的极限的定积分概念是从两个完全不同的角度引入的，那么它们之间有什么关系呢？本节将探讨这两个概念之间的关系，并通过这个关系得出利用原函数计算定积分的公式.

4.3.1　变上限的定积分

设函数$f(x)$在区间$[a, b]$上连续，x为$[a, b]$上任意一点，则积分$\int_a^x f(t)\mathrm{d}t$存在，故$\int_a^x f(t)\mathrm{d}t$为$[a, b]$上变量x的函数，称为$f(x)$的积分上限函数. 同理，$\int_x^b f(t)\mathrm{d}t$也为x的函数（$a\leqslant x\leqslant b$），称为$f(x)$的积分下限函数.

定理 1　设函数$f(x)$在区间$[a, b]$上连续，$p(x)=\int_a^x f(t)\mathrm{d}t$为$f(x)$的积分上限函数，则$p(x)$

在$[a,b]$上可导，且$p'(x)=\left[\int_a^x f(t)\mathrm{d}t\right]'=f(x)$（$a\leqslant x\leqslant b$）.

证明　由导数的定义有：

（1）求改变量：

$$\Delta p=p(x+\Delta x)-p(x)=\int_a^{x+\Delta x}f(t)\mathrm{d}t-\int_a^x f(t)\mathrm{d}t$$

$$=\int_x^{x+\Delta x}f(t)\mathrm{d}t\text{（定积分的可加性）}$$

$$=f(\xi)\Delta x\text{（积分中值定理，}\xi\text{ 在 }x\text{ 与 }x+\Delta x\text{ 之间）}$$

（2）求比值：

$$\frac{\Delta p}{\Delta x}=f(\xi)$$

（3）取极限 令$\Delta x\to 0$，则$\xi\to x$，

$$\lim_{\Delta x\to 0}\frac{\Delta p}{\Delta x}=\lim_{\Delta x\to 0}f(\xi)=f(x)\text{，即}$$

$$p'(x)=f(x)$$

由此，联想到原函数的定义，得到下面的重要定理——原函数存在定理.

定理 2　如果函数$f(x)$在区间$[a, b]$上连续，则函数$p(x)=\int_a^x f(t)\mathrm{d}t$就是$f(x)$在$[a, b]$上的一个原函数.

这个定理肯定了连续函数一定存在原函数，而且初步揭示了定积分与原函数之间的联系，因此，有可能利用原函数来计算定积分.

4.3.2　牛顿—莱布尼兹公式

定理 3（牛顿—莱布尼茨公式）设函数$f(x)$为区间$[a, b]$上的连续函数，且$F(x)$是$f(x)$在$[a, b]$上的一个原函数，则

$$\int_a^b f(x)\mathrm{d}x=F(x)\Big|_a^b=F(b)-F(a)\tag{4–4}$$

证明　已知$F(x)$为$f(x)$在$[a, b]$上的一个原函数，而$p(x)=\int_a^x f(t)\mathrm{d}t$也是$f(x)$的一个原函数，故有

$$p(x)=F(x)+C$$

即

$$p(x)=\int_a^x f(t)\mathrm{d}t=F(x)+C$$

将$x=a$代入得$p(a)=\int_a^a f(t)\mathrm{d}t=0$，于是，有

$$F(a)+C=0,C=-F(a)\text{，}$$

$$p(x)=F(x)-F(a)$$

将$x=b$代入上式得

$$p(b)=F(b)-F(a)$$

又因为
$$p(b)=\int_a^b f(t)\mathrm{d}t$$

所以
$$\int_a^b f(t)\mathrm{d}t=F(b)-F(a)$$

应用牛顿—莱布尼茨公式，定积分的计算就简化为：利用不定积分求出被积函数的一个原函数，然后计算该原函数在上下限的函数值之差，该公式将不定积分与定积分有机结合起来，从而让使积分学得到广泛应用.

例 1 求 $\frac{\mathrm{d}}{\mathrm{d}x}\left[\int_0^x \ln(1+t^2)\mathrm{d}t\right]$.

解 $\frac{\mathrm{d}}{\mathrm{d}x}\left[\int_0^x \ln(1+t^2)\mathrm{d}t\right]=\ln(1+x^2)$

例 2 设 $\int_1^x f(t)\mathrm{d}t=x[f(x)+1]$，求 $f(x)$.

解 方程两边对 x 求导，得

$$f(x)=f(x)+1+xf'(x)$$

即
$$f'(x)=\frac{-1}{x}$$

所以
$$f(x)=-\ln|x|+C$$

将 $x=1$ 代入得 $0=f(1)+1$，且 $f(1)=C$，所以 $C=-1$.

故
$$f(x)=-\ln|x|-1$$

例 3 求 $\int_0^1 x^2\mathrm{d}x$.

解： 由牛顿—莱布尼茨公式（4.4）得

$$\int_0^1 x^2\mathrm{d}x=\frac{1}{3}x^3\Big|_0^1=\frac{1}{3}$$

例 4 求 $\int_0^1|2x-1|\mathrm{d}x$.

解 因为 $|2x-1|=\begin{cases}1-2x, x\leqslant\frac{1}{2},\\ 2x-1, x>\frac{1}{2}.\end{cases}$

所以
$$\int_0^1|2x-1|\mathrm{d}x=\int_0^{\frac{1}{2}}(1-2x)\mathrm{d}x+\int_{\frac{1}{2}}^x(2x-1)\mathrm{d}x$$

$$=(x-x^2)\Big|_0^{\frac{1}{2}}+(x^2-x)\Big|_{\frac{1}{2}}^1=\frac{1}{2}$$

例 5 计算由曲线 $y=\sin x$ 在 $x=0$，$x=\pi$ 之间及 x 轴所围成的图形的面积 A.

解 如图 4–5 所示，根据定积分的几何意义，所求面积

$$A=\int_0^{\pi}\sin x\mathrm{d}x=-\cos x\Big|_0^{\pi}=-\cos\pi-(-\cos 0)=2$$

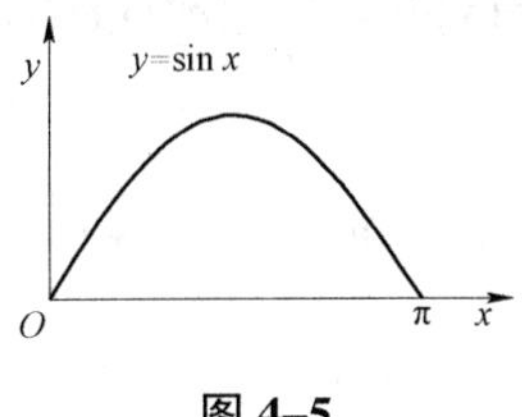

图 4–5

习　题　4.3

1. 填空题：

（1）$\dfrac{\mathrm{d}}{\mathrm{d}x}\displaystyle\int_0^{x^2}\frac{\mathrm{d}t}{\sqrt{1+t^2}}=$____________.

（2）设$f(x)$为连续函数，$\displaystyle\int_0^{x^2-1}f(t)\,\mathrm{d}t=x^4, x>0$，则$f(8)$=____________.

（3）设$f(x)$可导，且$\displaystyle\int_0^{x}f(t)\,\mathrm{d}t=\frac{1}{2}f(x)-\frac{1}{2}, f(0)=1$，则$f(x)$=____________.

（4）$\displaystyle\lim_{x\to 0}\frac{1}{x}\int_0^{x}(1+\sin t)^{\frac{1}{t}}\mathrm{d}t=$____________.

（5）若$\displaystyle\int_0^{k}(2x-3x^2)\,\mathrm{d}x=0$，则$k=$____________.

（6）设$f(x)=\cos^2 x+2\displaystyle\int_0^{\frac{\pi}{2}}f(x)\mathrm{d}x$，且函数$f(x)$连续，则$f(x)$=____________.

2. 计算下列积分：

（1）$\displaystyle\int_1^2\left(x+\frac{1}{x}\right)^2\mathrm{d}x$；　　（2）$\displaystyle\int_0^1\frac{x^4}{1+x^2}\mathrm{d}x$；

（3）$\displaystyle\int_{-\frac{\pi}{4}}^{\frac{\pi}{4}}\frac{1}{1+\cos 2x}\mathrm{d}x$；　　（4）$\displaystyle\int_0^{\sqrt{3}a}\frac{1}{a^2+x^2}\mathrm{d}x$；

（5）$\displaystyle\int_0^{\frac{\pi}{2}}\left|\frac{1}{2}-\sin x\right|\mathrm{d}x$；　　（6）$\displaystyle\int_0^{\frac{\pi}{4}}\frac{\sin x}{1+\sin x}\mathrm{d}x$.

4.4　定积分的计算

由定积分和不定积分的联系想到，求定积分是否也和求不定积分一样，也有换元法和分部积分法呢？答案是肯定的，本节将具体讨论，请注意其与不定积分的差异.

4.4.1　定积分的换元积分法

定理 1　设函数$f(x)$在区间$[a, b]$上连续，函数$x=\varphi(t)$满足条件：

（1）$\varphi(\alpha)=a$，$\varphi(\beta)=b$，且$a\leqslant\varphi(t)\leqslant b$；

（2）$\varphi(t)$ 在 $[\alpha,\beta]$（或 $[\beta,\alpha]$）上单调且具有连续导数；

则有
$$\int_a^b f(x)\mathrm{d}x=\int_\alpha^\beta f[\varphi(t)]\varphi'(t)\mathrm{d}t \tag{4–5}$$

证明 设 $f(x)$ 的不定积分为
$$\int f(x)\mathrm{d}x=F(x)+C \tag{4–6}$$

则
$$\int_a^b f(x)\mathrm{d}x=F(b)-F(a)$$

在（4.6）中令 $x=\varphi(t)$，则
$$\int f[\varphi(t)]\varphi'(t)\mathrm{d}t=F\left[\varphi(t)\right]+C$$

从而有
$$\int_\alpha^\beta f[\varphi(t)]\varphi'(t)\mathrm{d}t=F[\varphi(\beta)]-F[\varphi(\alpha)]$$

又已知 $\varphi(\alpha)=a,\varphi(\beta)=b$，故
$$\int_\alpha^\beta f[\varphi(t)]\varphi'(t)\mathrm{d}t=F(b)-F(a) \tag{4–7}$$

由（4.7）得 $\int_a^b f(x)\mathrm{d}x=\int_\alpha^\beta f[\varphi(t)]\varphi'(t)\mathrm{d}t$，证毕.

这个公式与不定积分换元法类似，但是，在利用定积分换元公式时应注意以下几点：

（1）用 $x=\varphi(t)$ 把变量 x 换成新变量 t 时，积分上、下限也要换成相应于新变量 t 的上、下限.

（2）求出 $f[\varphi(t)]\varphi'(t)$ 的一个原函数 $F[\varphi(t)]$ 后，不必像计算不定积分那样再把 $F[\varphi(t)]$ 换成原变量 x 的函数，只需直接求出 $F[\varphi(t)]$ 在新变量 t 的积分区间上的增量即可.

（3）代换 $x=\varphi(t)$ 在 $[a, b]$ 上必须是单调函数.

（4）对于公式 $\int_a^b f(x)\mathrm{d}x=\int_\alpha^\beta f[\varphi(t)]\varphi'(t)\mathrm{d}t$ 从左到右应用，相当于不定积分的第二类换元积分法，从右到左应用，相当于不定积分的第一类换元积分法.

例 1 计算 $\int_0^4 \frac{x+2}{\sqrt{2x+1}}\mathrm{d}x$.

解 令 $\sqrt{2x+1}=t$，即 $x=\frac{1}{2}(t^2-1)$，$\mathrm{d}x=t\mathrm{d}t$，当 $x=0$ 时，$t=1$；$x=4$ 时，$t=3$，则
$$\int_0^4 \frac{x+2}{\sqrt{2x+1}}\mathrm{d}x=\int_1^3 \frac{t^2+3}{2t}t\mathrm{d}t=\frac{1}{2}\int_1^3 (t^2+3)\mathrm{d}t$$
$$=\frac{1}{2}\left(\frac{1}{3}t^3+3t\right)\Big|_1^3=\frac{22}{3}$$

例 2 计算 $\int_0^{\frac{1}{\sqrt{2}}} \frac{x^4}{\sqrt{1-x^2}}\mathrm{d}x$.

解 令 $x=\sin t$，则 $x=0$ 时，$t=0$；$x=\frac{1}{\sqrt{2}}$ 时，$t=\frac{\pi}{4}$，$\mathrm{d}x=\cos t\mathrm{d}t$，

$$\int_0^{\frac{1}{\sqrt{2}}}\frac{x^4}{\sqrt{1-x^2}}\mathrm{d}x=\int_0^{\frac{\pi}{4}}\frac{\sin^4 t}{\sqrt{1-\sin^2 t}}\cdot\cos t\mathrm{d}t=\int_0^{\frac{\pi}{4}}\sin^4 t\mathrm{d}t$$

$$=\int_0^{\frac{\pi}{4}}\left(\frac{1-\cos 2t}{2}\right)^2\mathrm{d}t=\int_0^{\frac{\pi}{4}}\left(\frac{1}{4}-\frac{1}{2}\cos 2t+\frac{1}{4}\cos^2 2t\right)\mathrm{d}t$$

$$=\frac{1}{4}\cdot\frac{\pi}{4}-\left(\frac{1}{2}-\frac{1}{2}\sin 2t\right)\Bigg|_0^{\frac{\pi}{4}}+\frac{1}{4}\int_0^{\frac{\pi}{4}}\frac{1+\cos 4t}{2}\mathrm{d}t$$

$$=\frac{\pi}{16}-\frac{1}{4}+\frac{1}{4}\left(\frac{1}{2}t+\frac{1}{8}\sin 4t\right)\Bigg|_0^{\frac{\pi}{4}}=\frac{\pi}{16}-\frac{1}{4}+\frac{1}{4}\cdot\frac{\pi}{8}$$

$$=\frac{1}{32}(3\pi-8)$$

例 3　计算$\int_{-2}^{1}x^2\mathrm{d}x$.

解　$\int_{-2}^{1}x^2\mathrm{d}x=\frac{x^3}{3}\Big|_{-2}^{1}=\frac{1}{3}+\frac{8}{3}=3$

但如果令$x^2=t,x=\sqrt{t}$，且当$x=-2$时，$t=4$；当$x=1$时，$t=1$，则

$$\int_{-2}^{1}x^2\mathrm{d}x=\int_4^1 t\frac{1}{2\sqrt{t}}\mathrm{d}t=\frac{1}{2}\int_4^1\sqrt{t}\mathrm{d}t$$

$$=\frac{1}{2}\cdot\frac{t^{1+\frac{1}{2}}}{1+\frac{1}{2}}\Bigg|_4^1=\frac{1}{3}(1-8)=-\frac{7}{3}$$

显然，后面的计算结果是错误的，因为$x^2=t$在$[-2,1]$上并不单调，所以不能用代换$x=\sqrt{t}$.

例 4　计算$\int_0^{\frac{\pi}{2}}\sin^2 x\cos x\mathrm{d}x$.

解　令$t=\sin x$，则$\mathrm{d}t=\cos x\mathrm{d}x$，且当$x=0$时，$t=0$；当$x=\frac{\pi}{2}$时，$t=1$，

$$\int_0^{\frac{\pi}{2}}\sin^2 x\cos x\mathrm{d}x=\int_0^1 t^2\mathrm{d}t=\left(\frac{1}{3}t^3\right)\Bigg|_0^1=\frac{1}{3}$$

4.4.2　定积分的分部积分法

设函数$u(x)$、$v(x)$在$[a, b]$上具有连续导数$u'(x)$和$v'(x)$，则有$\int_a^b u\mathrm{d}v=uv\Big|_a^b-\int_a^b v\mathrm{d}u$，这就是定积分的分部积分法. 证明略.

例 5　求$\int_0^1 x\ln(1+x)\mathrm{d}x$.

解 $$\int_0^1 x\ln(1+x)\mathrm{d}x=\frac{1}{2}\int_0^1\ln(1+x)\mathrm{d}x^2$$
$$=\frac{1}{2}x^2\ln(1+x)\Big|_0^1-\frac{1}{2}\int_0^1\frac{x^2}{1+x^2}\mathrm{d}x=\frac{1}{2}\ln 2-\frac{1}{2}\int_0^1\left(x-1+\frac{1}{1+x}\right)\mathrm{d}x$$
$$=\frac{1}{2}\ln 2-\frac{1}{2}\left[\frac{1}{2}x^2-x+\ln(1+x)\right]\Big|_0^1=\frac{1}{4}$$

例 6 求 $\int_0^{\frac{\pi}{2}}\mathrm{e}^x\sin x\mathrm{d}x$.

解 $$\int_0^{\frac{\pi}{2}}\mathrm{e}^x\sin x\mathrm{d}x=\int_0^{\frac{\pi}{2}}\sin x\mathrm{d}\mathrm{e}^x=\mathrm{e}^x\sin x\Big|_0^{\frac{\pi}{2}}-\int_0^{\frac{\pi}{2}}\mathrm{e}^x\mathrm{d}\sin x$$
$$=\mathrm{e}^{\frac{\pi}{2}}-\int_0^{\frac{\pi}{2}}\mathrm{e}^x\cos x\mathrm{d}x=\mathrm{e}^{\frac{\pi}{2}}-\int_0^{\frac{\pi}{2}}\cos x\mathrm{d}\mathrm{e}^x$$
$$=\mathrm{e}^{\frac{\pi}{2}}-\mathrm{e}^x\cos x\Big|_0^{\frac{\pi}{2}}+\int_0^{\frac{\pi}{2}}\mathrm{e}^x\mathrm{d}\cos x$$
$$=\mathrm{e}^{\frac{\pi}{2}}+1-\int_0^{\frac{\pi}{2}}\mathrm{e}^x\sin x\mathrm{d}x$$

即

$$\int_0^{\frac{\pi}{2}}\mathrm{e}^x\sin x\mathrm{d}x=\mathrm{e}^{\frac{\pi}{2}}+1-\int_0^{\frac{\pi}{2}}\mathrm{e}^x\sin x\mathrm{d}x$$

所以

$$\int_0^{\frac{\pi}{2}}\mathrm{e}^x\sin x\mathrm{d}x=\frac{1}{2}\left(\mathrm{e}^{\frac{\pi}{2}}+1\right)$$

例 7 求 $\int_0^1\mathrm{e}^{\sqrt{x}}\mathrm{d}x$.

解 令 $t=\sqrt{x}$ ，则 $x=t^2$ ， $\mathrm{d}x=\mathrm{d}t^2=2t\mathrm{d}t$ ，
$$\int_0^1\mathrm{e}^{\sqrt{x}}\mathrm{d}x=\int_0^1 2t\mathrm{e}^t\mathrm{d}t=2\int_0^1 t\mathrm{d}\mathrm{e}^t$$
$$=2(t\mathrm{e}^t)\Big|_0^1-2\int_0^1\mathrm{e}^t\mathrm{d}t$$
$$=2\mathrm{e}-2\mathrm{e}^t\Big|_0^1=2$$

习 题 4.4

计算下列定积分：

（1） $\int_0^1\sqrt{4-x^2}\mathrm{d}x$ ；

（2） $\int_0^a x^2\sqrt{a^2-x^2}\mathrm{d}x$ （ $a>0$ ）；

（3） $\int_0^1\frac{\mathrm{d}x}{(x^2-x+1)^{\frac{3}{2}}}$ ；

（4） $\int_0^1\frac{\mathrm{d}x}{\mathrm{e}^x+\mathrm{e}^{-x}}$ ；

（5）$\int_0^{\frac{\pi}{2}}\frac{\cos x}{1+\sin^2 x}dx$；（6）$\int_0^1 \arcsin x dx$；

（7）$\int_0^{\frac{\pi}{2}} e^x \sin x dx$.

4.5 广 义 积 分

前面讨论的定积分都是在有限的积分区间和被积函数有界的条件下进行的，但有的实际问题需要处理积分区间为无限区间，或被积函数在有限的积分区间上为无界函数的积分问题，这两种积分都被称为广义积分（或反常积分），相应地，前面讨论的积分称为常义积分.

4.5.1 无穷区间上的广义积分

定义 1 设函数 $f(x)$ 在区间 $[a,+\infty)$ 内连续，则称 $\int_a^{+\infty} f(x)dx$ 为函数 $f(x)$ 在无穷区间 $[a,+\infty)$ 上的反常积分，$\int_a^{+\infty} f(x)dx=\lim\limits_{b\to+\infty}\int_a^b f(x)dx$（$a<b$）. 如果极限 $\lim\limits_{b\to+\infty}\int_a^b f(x)dx$ 存在，则称反常积分 $\int_a^{+\infty} f(x)dx$ 收敛；否则称反常积分 $\int_a^{+\infty} f(x)dx$ 发散.

类似地，可定义函数 $f(x)$ 在无穷区间 $(-\infty,b]$ 上的反常积分：

$$\int_{-\infty}^b f(x)dx=\lim_{a\to-\infty}\int_a^b f(x)dx \quad (a<b)$$

定义 2 设函数 $f(x)$ 在区间 $(-\infty,+\infty)$ 内连续，则称 $\int_{-\infty}^{+\infty} f(x)dx$ 为函数 $f(x)$ 在无穷区间 $(-\infty,+\infty)$ 内的反常积分，

$$\int_{-\infty}^{+\infty} f(x)dx=\int_{-\infty}^c f(x)dx+\int_c^{+\infty} f(x)dx=\lim_{a\to-\infty}\int_a^c f(x)dx+\lim_{b\to+\infty}\int_c^b f(x)dx$$

如果 $\int_{-\infty}^c f(x)dx$ 和 $\int_c^{+\infty} f(x)dx$ 都收敛（c 为任意一个常数），则称反常积分 $\int_{-\infty}^{+\infty} f(x)dx$ 收敛；否则发散.

上面定义的反常积分统称为无穷限的反常积分.

例 1 计算反常积分 $\int_0^{+\infty} e^{-x}dx$.

解
$$\begin{aligned}\int_0^{+\infty} e^{-x}dx&=\lim_{b\to+\infty}\int_0^b e^{-x}dx=\lim_{b\to+\infty}(-e^{-x})\Big|_0^b\\&=\lim_{b\to+\infty}(1-e^{-b})=1\end{aligned}$$

注：该反常积分收敛.

例 2 判断反常积分 $\int_0^{+\infty}\sin x dx$ 的敛散性.

解 $\int_0^{+\infty}\sin x\mathrm{d}x=\lim\limits_{b\to+\infty}\int_0^b\sin x\mathrm{d}x=\lim\limits_{b\to+\infty}(-\cos x)\Big|_0^b$

$=\lim\limits_{b\to+\infty}(-\cos b+\cos 0)=1-\lim\limits_{b\to+\infty}\cos b$

因为 $\lim\limits_{b\to+\infty}\cos b$ 不存在，所以反常积分发散.

4.5.2　无界函数的广义积分（反常积分）

定义 3　设函数 $f(x)$在区间$(a, b]$上连续，且 $\lim\limits_{x\to a^+}f(x)=\infty$，则称 $\int_a^b f(x)\mathrm{d}x$ 为函数 $f(x)$在区间$(a, b]$上的反常积分

$$\int_a^b f(x)\mathrm{d}x=\lim_{\varepsilon\to0^+}\int_{a+\varepsilon}^b f(x)\mathrm{d}x\quad(\varepsilon>0)$$

如果 $\lim\limits_{\varepsilon\to0^+}\int_{a+\varepsilon}^b f(x)\mathrm{d}x$ 存在，则称反常积分 $\int_a^b f(x)\mathrm{d}x$ 收敛，否则称反常积分 $\int_a^b f(x)\mathrm{d}x$ 发散.

类似地，设函数 $f(x)$在区间$[a, b)$内连续，且 $\lim\limits_{x\to b^-}f(x)=\infty$，则称 $\int_a^b f(x)\mathrm{d}x$ 为函数 $f(x)$在区间$[a, b)$内的反常积分

$$\int_a^b f(x)\mathrm{d}x=\lim_{\varepsilon\to0^+}\int_a^{b-\varepsilon} f(x)\,\mathrm{d}x\quad(\varepsilon>0)$$

如果 $\lim\limits_{\varepsilon\to0^+}\int_a^{b-\varepsilon} f(x)\mathrm{d}x$ 存在，则称反常积分 $\int_a^b f(x)\mathrm{d}x$ 收敛，否则称反常积分 $\int_a^b f(x)\mathrm{d}x$ 发散.

上述定义的反常积分统称为无界函数的反常积分.

例 3　求积分 $\int_0^1\ln x\mathrm{d}x$.

解　因为被积函数 $\ln x$ 当 $x\to0^+$ 时无界，所以按定义

$$\int_0^1\ln x\mathrm{d}x=\lim_{\varepsilon\to0^+}\int_\varepsilon^1\ln x\mathrm{d}x=\lim_{\varepsilon\to0^+}(x\ln x-x)\Big|_\varepsilon^1$$

$$=\lim_{\varepsilon\to0^+}(-1-\varepsilon\ln\varepsilon+\varepsilon)=-1-\lim_{\varepsilon\to0^+}\varepsilon\ln\varepsilon$$

对于 $\lim\limits_{\varepsilon\to0^+}\varepsilon\ln\varepsilon=\lim\limits_{\varepsilon\to0^+}\dfrac{\ln\varepsilon}{\dfrac{1}{\varepsilon}}=\lim\limits_{\varepsilon\to0^+}\dfrac{\dfrac{1}{\varepsilon}}{-\dfrac{1}{\varepsilon^2}}=0$，所以

$$\int_0^1\ln x\mathrm{d}x=-1$$

例 4　计算 $\int_{-1}^1\dfrac{\mathrm{d}x}{x^2}$.

解　因为被积函数 $\dfrac{1}{x^2}$ 在点 $x=0$ 处间断，所以不能按通常的办法计算这个积分，而

$$\int_{-1}^0\frac{\mathrm{d}x}{x^2}=\lim_{\varepsilon\to0^+}\int_{-1}^{-\varepsilon}\frac{1}{x^2}\mathrm{d}x=-\lim_{\varepsilon\to0^+}\frac{1}{x}\Big|_{-1}^{-\varepsilon}=-\lim_{\varepsilon\to0^+}\left(-\frac{1}{\varepsilon}-\frac{1}{-1}\right)=+\infty$$

因此，广义积分 $\int_{-1}^1\dfrac{\mathrm{d}x}{x^2}$ 在$[-1,1]$上是发散的.

习　题　4.5

1. 计算下列各反常积分：

（1）$\int_{e}^{+\infty}\frac{dx}{x\ln^2 x}$；（2）$\int_{1}^{+\infty}\frac{dx}{x(1+x)}$；

（3）$\int_{-\infty}^{+\infty}\frac{dx}{x^2+2x+2}$；（4）$\int_{0}^{+\infty}xe^{-x^2}dx$；

（5）$\int_{0}^{+\infty}e^{-x}\sin xdx$；（6）$\int_{0}^{+\infty}\frac{dx}{\sqrt{1+x^2}}$；

（7）$\int_{0}^{1}\frac{x}{\sqrt{1-x^2}}dx$；（8）$\int_{0}^{2}\frac{dx}{\sqrt{|x-1|}}$；

（9）$\int_{0}^{\ln 2}\frac{1}{\sqrt{1-e^{-2x}}}dx$；（10）$\int_{1}^{5}\frac{dx}{\sqrt{5-x}}$.

2. 讨论下列反常积分的敛散性：

（1）$\int_{0}^{2}\frac{dx}{(1-x)^2}$；（2）$\int_{2}^{4}\frac{1}{x(1-\ln x)}dx$.

4.6　定积分的应用

4.6.1　定积分在几何中的应用

1. 平面图形的面积

1）直角坐标情形

设平面图像由上下两条曲线 $y=f_{上}(x)$ 与 $y=f_{下}(x)$ 及左右两条直线 $x=a$， $x=b$ 所围成，则面积元素为 $[f_{上}(x)-f_{下}(x)]dx$，于是平面图像的面积为

$$S=\int_{a}^{b}[f_{上}(x)-f_{下}(x)]\,dx$$

类似地，由左右两条曲线 $x=\varphi_{左}(y)$ 与 $x=\varphi_{右}(y)$，及上下两条直线 $y=d,y=c$ 所围成平面图像面积为

$$S=\int_{c}^{d}\left[\varphi_{右}(y)-\varphi_{左}(y)\right]dy$$

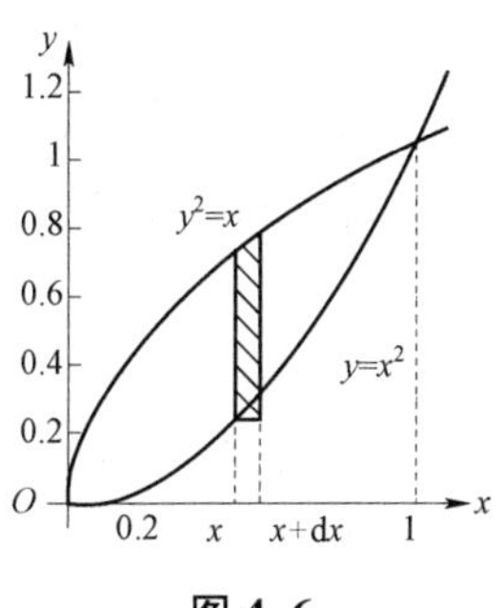

图 4–6

例 1　求由 $y=x^2$ 和 $y^2=x$ 所围成的图形的面积.

解　（1）作图（见图 4–6）；

（2）确定图形在 x 轴上的投影区间：[0, 1]；

（3）确定上下曲线：$f_{上}(x)=\sqrt{x}$， $f_{下}(x)=x^2$；

（4）计算积分：

$$S=\int_0^1(\sqrt{x}-x^2)\mathrm{d}x=\left(\frac{2}{3}x^{\frac{3}{2}}-\frac{1}{3}x^3\right)\Bigg|_0^1=\frac{1}{3}$$

例 2 计算抛物线 $y^2=2x$ 与直线 $y=x-4$ 所围成的图形的面积.

解 （1）作图（见图 4–7）;

（2）确定图形在 y 轴上的投影区间 $[-2,4]$;

（3）确定左右曲线：$\varphi_{左}(y)=\frac{1}{2}y^2$ ，$\varphi_{右}(y)=y+4$;

（4）计算积分：$S=\int_{-2}^4\left(y+4-\frac{1}{2}y^2\right)\mathrm{d}y=\left(\frac{1}{2}y^2+4y-\frac{1}{6}y^3\right)\Bigg|_{-2}^4=18.$

2）极坐标情形

曲边扇形及曲边扇形的面积元素如图 4–8 所示.

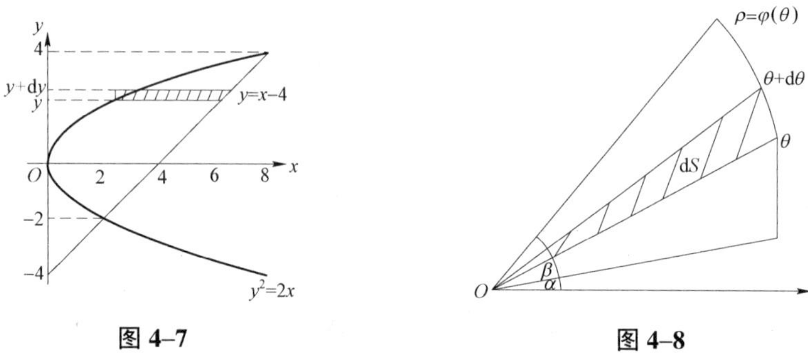

图 4–7　　图 4–8

由曲线 $\rho=\varphi(\theta)$ 及射线 $\varphi=\alpha,\varphi=\beta$ 围成的图形称为曲边扇形，曲边扇形的面积元素为

$$\mathrm{d}S=\frac{1}{2}[\varphi(\theta)]^2\,\mathrm{d}\theta$$

曲边扇形的面积为

$$S=\int_\alpha^\beta\frac{1}{2}[\varphi(\theta)]^2\,\mathrm{d}\theta$$

例 3 计算阿基米德螺线 $\rho=a\theta$（$a>0$ 上）相应于 θ 从 0 变到 2π 的一段弧与极轴所围成的图形的面积.

解 面积 $S=\int_0^{2\pi}\frac{1}{2}(a\theta)^2\,\mathrm{d}\theta=\frac{1}{2}a^2\left(\frac{1}{3}\theta^3\right)\Bigg|_0^{2\pi}=\frac{4}{3}a^2\pi^3$

例 4 计算心形线 $\rho=a(1+\cos\theta)$（$a>0$ 上相应于）.

解 由题意作出图形 4–9，

$$\begin{aligned}S&=2\int_0^\pi\frac{1}{2}[a(1+\cos\theta)^2]\,\mathrm{d}\theta\\&=a^2\int_0^\pi\left(\frac{1}{2}+2\cos\theta+\frac{1}{2}\cos2\theta\right)\mathrm{d}\theta\\&=a^2\left(\frac{1}{2}\theta+2\sin\theta+\frac{1}{4}\sin2\theta\right)\Bigg|_0^\pi=\frac{1}{2}a^2\pi\end{aligned}$$

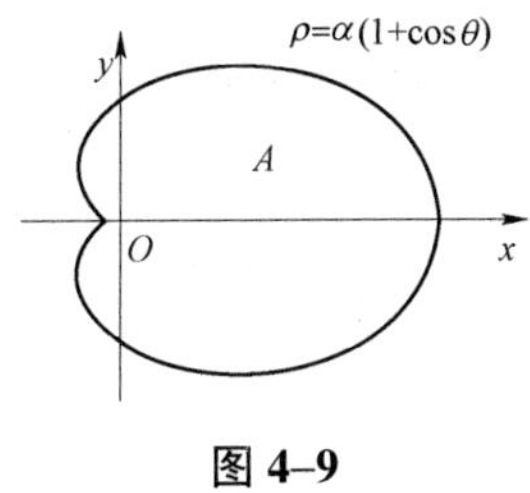

图 4–9

2. 旋转体的体积

旋转体就是由一个平面图形绕这个平面内一条直线旋转一周而成的立体，这条直线叫作旋转轴.

常见的旋转体：圆柱、圆锥、圆台和球体.

旋转体都可以看作由连续曲线 $y=f(x)$，直线 $x=a, x=b$ 及 x 轴所围成的曲边梯形绕 x 轴旋转一周而成的立体.

如图 4–10 所示，设过区间$[a, b]$上的点，且垂直于 x 轴的平面左侧的旋转体体积为 $V(x)$，当平面左右平移 $\mathrm{d}x$ 后，体积的增量近似为 $\Delta V=\pi[f(x)]^2\mathrm{d}x$，于是体积元素为

$$\mathrm{d}V=\pi[f(x)]^2\mathrm{d}x$$

旋转体体积为

$$V=\int_a^b \pi[f(x)]^2\mathrm{d}x$$

例 5 连接坐标原点 O 及点 $P(h,r)$ 的直线，直线 $x=h$ 及 x 轴围成一个直角三角形，将它绕 x 轴旋转一周构成一个底半径为 r、高为 h 的圆锥体，利用定积分计算这一圆锥体的体积.

解 直角三角形斜边的直线方程为 $y=\dfrac{r}{h}x$，如图 4–11 所示，所求圆锥体的体积为

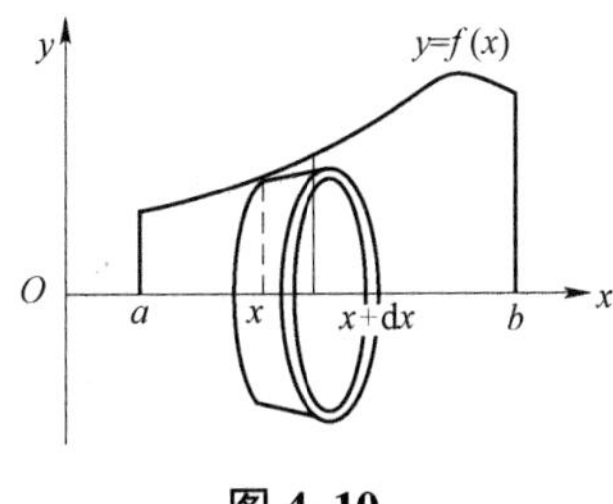

图 4–10

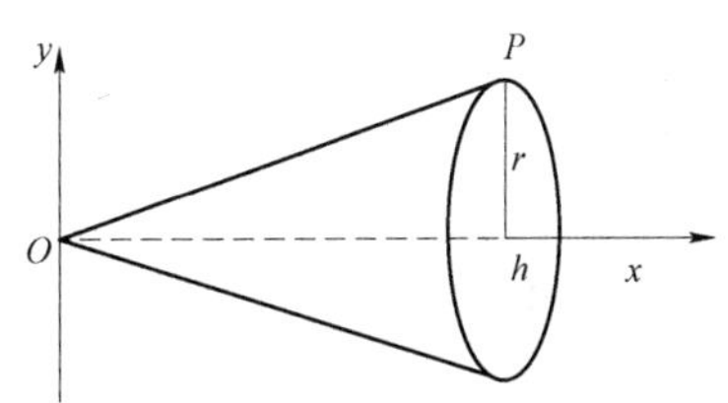

图 4–11

$$V=\int_0^h \pi\left(\frac{r}{h}x\right)^2\mathrm{d}x=\frac{\pi r^2}{h^2}\left(\frac{1}{3}x^3\right)\bigg|_0^h=\frac{1}{3}\pi hr^2$$

例 6 利用定积分计算由椭圆 $\dfrac{x^2}{a^2}+\dfrac{y^2}{b^2}=1$ 所围成的图形绕 x 轴旋转一周构成旋转体的体积.

解 这个旋转体可以看作由半个椭圆 $y=\frac{b}{a}\sqrt{a^2-x^2}$ 及 x 轴围成的图形绕 x 轴旋转而成的立体，体积元素为

$$\mathrm{d}V=\pi y^2\mathrm{d}x$$

于是所求旋转椭球体体积为

$$V=\int_{-a}^{a}\pi\frac{b^2}{a^2}(a^2-x^2)\mathrm{d}x=\pi\frac{b^2}{a^2}\left(a^2x-\frac{1}{3}x^3\right)\Big|_{-a}^{a}=\frac{1}{3}\pi ab^2$$

4.6.2 定积分在物理中的应用

1. 变力沿直线做功问题

例 7 电量为 $+q$ 的点电荷位于 r 轴的坐标原点 O 处，它所产生的电场力使 r 轴上的一个单位正电荷从 $r=a$ 处移动到 $r=b$ 处（$a<b$），求电场力对单位电荷所做的功.

提示：由物理学知道，在电量为 $+q$ 的点电荷所产生的电场中，距离点电荷 r 处的单位正电荷所受到的电场力的大小为 $F=k\frac{q}{r^2}$（k 是常数）.

解 在 r 轴上，当单位正电荷从 r 移动到 $r+\mathrm{d}r$ 时，电场力对它所做的功近似为 $k\frac{q}{r^2}\mathrm{d}r$，即功元素为

$$\mathrm{d}W=k\frac{q}{r^2}\mathrm{d}r$$

于是所求的功为

$$W=\int_{a}^{b}\frac{kq}{r^2}\mathrm{d}r=kq\left(-\frac{1}{r}\right)\Big|_{a}^{b}=kq\left(\frac{1}{a}-\frac{1}{b}\right)$$

例 8 在底部面积为 S 的圆柱形容器中盛有一定量的气体. 在等温条件下，由于气体的膨胀，把容器中的一个活塞（面积为 S）从点 a 处推移到点 b 处. 计算在移动过程中，气体压力所做的功.

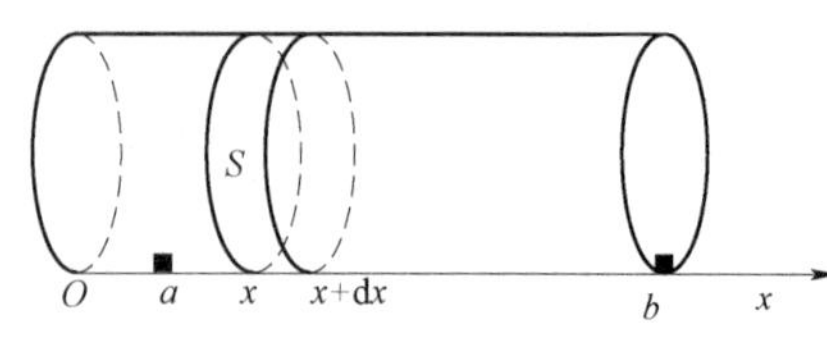

图 4–12

解 取坐标系如图 4–12 所示，活塞的位置可以用坐标 x 来表示，由物理学知道，一定量的气体在等温条件下，压强 p 与体积 V 的乘积是常数 k，即

$$pV=k \text{ 或 } p=\frac{k}{V}$$

在点 x 处，因为 $V=xS$，所以作用在活塞上的力为

$$F=p\cdot S=\frac{k}{xS}\cdot S=\frac{k}{x}$$

当活塞从 x 移动到 $x+\mathrm{d}x$ 时，变力所做的功近似为 $\frac{k}{x}\mathrm{d}x$，即功元素为 $\mathrm{d}W=\frac{k}{x}\mathrm{d}x$. 于是所求的功为

$$W=\int_a^b \frac{k}{x}\mathrm{d}x=k(\ln x)\Big|_a^b=k\ln\frac{b}{a}$$

2. 水压力

由物理学知道，在水深为 h 处的压强为 $p=\gamma h$，这里的 γ 是水的比重. 如果有一面积为 A 的平板水平放置在水深为 h 处，那么平板一侧所受的水压力为 $P=p\cdot A=\gamma hA$. 如果这个平板铅直放置在水中，那么由于水深不同的点处压强 p 不相等，因此平板所受水的压力就不能用上述方法计算.

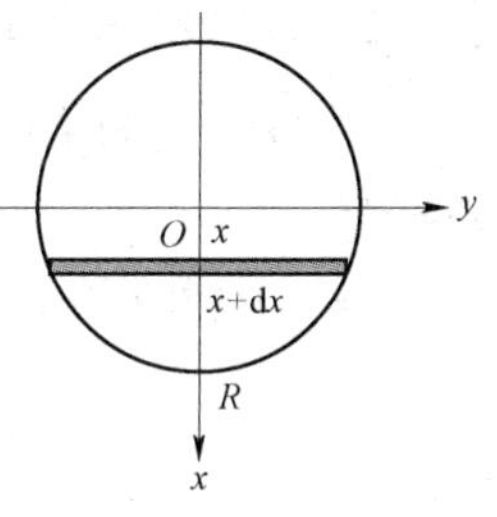

图 4–13

例 9　一个横放的圆柱形水桶，桶内盛有半桶水. 设桶的底半径为 R，水的比重为 γ，计算桶的一个端面上受的压力.

解　桶的一个端面是圆片，与水接触的是下半圆，取坐标系如图 4–13 所示. 水深 x 处于圆片上取一窄条，其宽为 $\mathrm{d}x$，得压力元素为

$$\mathrm{d}P=2\gamma x\sqrt{R^2-x^2}\,\mathrm{d}x$$

所求压力为

$$\begin{aligned}P&=\int_0^R 2\gamma x\sqrt{R^2-x^2}\,\mathrm{d}x\\&=-\gamma\int_0^R\left(R^2-x^2\right)^{\frac{1}{2}}\mathrm{d}(R^2-x^2)\\&=-\gamma\left[\frac{2}{3}\left(R^2-x^2\right)^{\frac{3}{2}}\right]\Bigg|_0^R=\frac{2r}{3}R^3\end{aligned}$$

4.6.3　定积分在经济中的应用

在经济分析中，我们可以对经济函数进行边际分析和弹性分析，这用到了导数和微分的知识. 而在实际问题中往往还涉及已知边际函数或弹性函数，来求经济函数（原函数）的问题，这就需要利用定积分或者不定积分来完成.

下面通过实例来说明定积分在经济分析方面的应用.

1. 利用定积分求原函数的经济问题

在经济管理中，由边际函数求总函数（即原函数），一般采用不定积分来解决，或求一个变上限的定积分. 可以求总需求函数、总成本函数、总收入函数以及总利润函数.

设经济应用函数 $u(x)$的边际函数为 $u'(x)$，则有

$$u(x)=u(0)+\int_0^x u'(t)\,\mathrm{d}t$$

例 10　生产某产品的边际成本函数为 $c'(x)=3x^2-14x+100$，固定成本函数为 $c(0)=10\,000$，求出生产 x 个产品的总成本函数.

解　总成本函数

$$c(x)=c(0)+\int_0^x c'(x)\,\mathrm{d}t=10\,000+\int_0^x(3t^2-14t+100)\,\mathrm{d}t$$

$$=10\,000+(t^3-7t^2+100t)\Big|_0^x=10\,000+x^3-7x^2+100x$$

2. 利用定积分由变化率求总量问题

例 11 已知某产品总产量的变化率为 $Q'(t)=40+12t$（件/d），求从第 5 d 到 10 d 产品的总产量.

解 所求的总产量为

$$Q=\int_5^{10}Q'(t)\,\mathrm{d}t=\int_5^{10}(40+12t)\,\mathrm{d}t=(40t+6t^2)\Big|_5^{10}=650\text{（件）}$$

3. 利用定积分求经济函数的最大值与最小值

例 12 设生产 x 个产品的边际成本为 $C=100+2x$，其固定成本为 $C_0=1\,000$ 元，产品的单价规定为 500 元，假设生产出的产品能完全销售，问：生产量为多少时利润最大？并求出最大利润.

解 总成本函数为

$$C(x)=\int_0^x(100+2t)\,\mathrm{d}t+C_0=100x+x^2+1\,000$$

总收益函数为

$$R(x)=500x$$

总利润函数为

$$L(x)=R(x)-C(x)=400x-x^2-1\,000$$

其导数为

$$L'(x)=400-2x$$

令 $L'=0$，得 $x=200$. 因为 $L''(200)<0$，所以生产量为 200 单位时，利润最大，最大利润为

$$L(200)=400\times200-200^2-1\,000=39\,000\text{（元）}$$

4. 利用定积分计算资本现值和投资

若有一笔收益流的收益率为 $f(t)$，假设连续收益流以连续复利 r 计息，从而兑现值为

$$y=\int_0^T f(t)\,\mathrm{e}^{-rt}\mathrm{d}t$$

例 13 现对某企业给予一笔投资 A，经测算，该企业在 T 年中可以按每年 a 元的均匀收入率获得收入，若年利润为 r，试求：

（1）该企业的纯收入贴现值；

（2）收回该笔投资的时间为多少？

解 （1）求投资纯收入的贴现值：因收入率为 a，年利润为 r，故投资后的 T 年中获总收入的现值为

$$y=\int_0^T a\mathrm{e}^{-rt}\mathrm{d}t=\frac{a}{r}(1-\mathrm{e}^{-rT})$$

从而投资所获得的纯收入的贴现值为

$$R=y-A=\frac{a}{r}(1-\mathrm{e}^{-rT})-A$$

（2）求收回投资的时间：收回投资，即为总收入的现值等于投资. 由 $\frac{a}{r}(1-\mathrm{e}^{-rT})=A$，得

$$T=\frac{1}{r}\ln\frac{a}{a-Ar}$$

即收回投资的时间为

$$T=\frac{1}{r}\ln\frac{a}{a-Ar}$$

例如，若对某企业投资 $A=800$（万元），年利率为 5%，设在 20 年中的均匀收入率为 $a=200$（万元/年），则有投资回收期为

$$T=\frac{1}{0.05}\ln\frac{200}{200-800\times 0.05}=20\ln 1.25\approx 4.46\text{（年）}$$

习 题 4.6

1. 试求由下列各曲线所围成的图形的面积：

（1）$y=\frac{1}{2}x^2$ 与 $x^2+y^2=8$；

（2）$y=\frac{1}{x}$ 与直线 $y=x$ 及 $x=2$；

（3）$y=\mathrm{e}^x$ 和 $y=\mathrm{e}^{-x}$；

（4）$\rho=2a\cos\theta$；

（5）$x=a\cos^3 t$ 与 $y=a\sin^3 t$.

2. 求两曲线 $r=\sin\theta$ 与 $r=\sqrt{3}\cos\theta$ 所围成公共部分的面积.

3. 求曲线 $y=\sin x$ 和它在 $x=\frac{\pi}{2}$ 处的切线以及直线 $x=\pi$ 所围成的图形的面积和它绕 x 轴旋转而成的旋转体体积.

4. 设一把金属杆的长度由 a 拉长到 $a+x$，所需的力等于 $\frac{kx}{a}$，其中 k 为常数，试求将金属杆由长度 a 拉长到 b 所做的功.

复 习 题 四

1. 填空：

（1）$\int_{-1}^{1}(|x|+x)\mathrm{e}^{-|x|}\mathrm{d}x=$________________.

（2）$\int_{-3}^{3}(\sin^5 x+3x^2)\mathrm{d}x=$________________.

（3）设 y 是方程 $\int_0^y \mathrm{e}^t\mathrm{d}t+\int_0^x \cos t\mathrm{d}t=0$ 所确定的 x 的函数，则 $\dfrac{\mathrm{d}y}{\mathrm{d}x}=$________________.

（4）设 $f(x)$ 是连续函数，$F(t)=\int_{x^2}^{\mathrm{e}^x} f(t)\mathrm{d}t$，则 $F'(0)=$________________.

（5）已知 $f(0)=1, f(2)=3, f'(2)=5$，则 $\int_0^2 xf''(x)\,\mathrm{d}x=$________________.

（6）设 $\lim\limits_{x\to\infty}\left(\dfrac{1+x}{x}\right)^{ax}=\int_{-\infty}^{a} t\mathrm{e}^t\mathrm{d}t$，则常数 $a=$________________.

（7）$\lim\limits_{x\to 0}\dfrac{\int_0^x\left[\int_0^{u^2}\arctan(1+t)\mathrm{d}t\right]\mathrm{d}u}{x(1-\cos x)}=$________________.

（8）$\int_0^1\sqrt{2x-x^2}\mathrm{d}x=$________________.

（9）设 $f(x)=\dfrac{1}{1+x^2}+\sqrt{1-x^2}\int_0^1 f(x)\mathrm{d}x$，则 $\int_0^1 f(x)\mathrm{d}x=$________________.

（10）设 $f(x)=\begin{cases} x\mathrm{e}^{x^2}, & -\dfrac{1}{2}\leqslant x\leqslant\dfrac{1}{2}, \\ -1, & x\geqslant\dfrac{1}{2}, \end{cases}$ 则 $\int_{\frac{1}{2}}^{2} f(x-1)\mathrm{d}x=$________________.

2. 计算题：

（1）$\int_{-2}^{2}\dfrac{\mathrm{e}^x}{\mathrm{e}^x+1}\mathrm{d}x$；

（2）$\int_1^2\dfrac{(x+1)(x^2-2)}{3x}\mathrm{d}x$；

（3）$\int_0^4|2-x|\mathrm{d}x$；

（4）$\int_0^{\mathrm{e}-1}\ln(1+x)\,\mathrm{d}x$；

（5）$\int_0^1\sqrt{1+x^2}\mathrm{d}x$；

（6）$\int_0^{\pi}\sqrt{1+\cos 2x}\mathrm{d}x$；

（7）$\int_{-1}^{1}(|x|+x)\,\mathrm{e}^{-|x|}\mathrm{d}x$；

（8）$\int_0^1\dfrac{\ln(1+x)}{(2-x)^2}\mathrm{d}x$；

（9）$\int_0^{\ln 2}\sqrt{1-\mathrm{e}^{-2x}}\mathrm{d}x$；

（10）$\int_1^{+\infty}\dfrac{\mathrm{d}x}{x^2(1+x^2)}$.

3. 综合应用题：

（1）设位于曲线 $y=\dfrac{1}{\sqrt{x(1+\ln^2 x)}}$（$\mathrm{e}\leqslant x<+\infty$）下方，$x$ 轴上方的无界区域为 G，则 G 绕 x 轴旋转一周所得空间区域的体积是多少？

（2）设封闭曲线 L 的极坐标方程为 $r=\cos 3\theta\left(-\dfrac{\pi}{6}\leqslant\theta\leqslant\dfrac{\pi}{6}\right)$，$\theta$ 为参数，试计算 L 所围成的平面图形的面积.

（3）计算由曲线 $y=\sqrt{x^2-1}$、直线 $x=2$ 及 x 轴所围成的平面图形绕 x 轴旋转所成的旋转体的体积.

（4）一个容器的内侧是由图中曲线绕 y 轴旋转一周而成的曲面，该曲线由 $x^2+y^2=2y$ $\left(y\geqslant\frac{1}{2}\right)$ 与 $x^2+y^2=1$ $\left(y\leqslant\frac{1}{2}\right)$ 连接而成.

① 求容器的容积；

② 若将容器内盛满的水从容器顶部全部抽出，至少需要做多少功？

（长度单位：m，重力加速度为 g m/s^2，水的密度为 10^3 kg/m^3）

（5）一个高为 1 的圆柱形储油罐，底面是长轴为 $2a$、短轴为 $2b$ 的椭圆，现将储油罐平放，当油罐中油面的高度为 $\frac{3}{2}b$ 时，计算油的质量.（长度单位：m，质量单位：kg，油的密度为 ρkg/m^3）

第五章

线性代数

线性代数是一门重要基础课.随着科学技术的飞速发展和计算机的广泛应用，线性代数的理论与方法已成为科学研究及处理各个领域问题的强有力工具，成为各类科技人员必备的数学基础之一.

这一章将对行列式、矩阵、线性方程组等相关知识进行讲解，学生应掌握各类计算方法，学会应用.

5.1 行 列 式

行列式是一种重要的数学工具，不但在数学的各个分支中，而且在其他学科中都有广泛应用，特别是在线性代数中，它是一个不可缺少的工具.

5.1.1 二阶行列式

定义 1 称数表

$$\begin{vmatrix} a_{11} & a_{12} \\ a_{21} & a_{22} \end{vmatrix} \tag{5–1}$$

是一个**二阶行列式**，它表示数值 $a_{11}a_{22}-a_{12}a_{21}$，即

$$\begin{vmatrix} a_{11} & a_{12} \\ a_{21} & a_{22} \end{vmatrix} = a_{11}a_{22}-a_{12}a_{21} \tag{5–2}$$

在二阶行列式（5–1）中，称数 a_{11}、a_{12}、a_{21}、a_{22} 是行列式的元素，在同一横线上的两个数组成行列式的一行，第一行是 (a_{11},a_{12})，第二行是 (a_{21},a_{22})；在同一竖线上的两个数组成行列式的一列，第一列是 $\begin{pmatrix} a_{11} \\ a_{21} \end{pmatrix}$，第二列是 $\begin{pmatrix} a_{12} \\ a_{22} \end{pmatrix}$；整个行列式表示一个数 $a_{11}a_{22}-a_{12}a_{21}$，称为

行列式的值.

例 1　求下列二阶行列式的值：

（1）$\begin{vmatrix} -7 & -5 \\ 3 & 4 \end{vmatrix}$；（2）$\begin{vmatrix} \sqrt{a} & -b \\ b & \sqrt{a} \end{vmatrix}$.

解　（1）$\begin{vmatrix} -7 & -5 \\ 3 & 4 \end{vmatrix} = (-7)\times 4 - (-5)\times 3 = -13$

（2）$\begin{vmatrix} \sqrt{a} & -b \\ b & \sqrt{a} \end{vmatrix} = \sqrt{a}\times\sqrt{a} - (-b)\times b = a + b^2$

5.1.2　三阶行列式

定义 2　我们用记号

$$\begin{vmatrix} a_{11} & a_{12} & a_{13} \\ a_{21} & a_{22} & a_{23} \\ a_{31} & a_{32} & a_{33} \end{vmatrix} \tag{5–3}$$

表示代数和 $a_{11}a_{22}a_{33} + a_{12}a_{23}a_{31} + a_{13}a_{21}a_{32} - a_{11}a_{23}a_{32} - a_{12}a_{21}a_{33} - a_{13}a_{22}a_{31}$，称为**三阶行列式**，即

$$\begin{vmatrix} a_{11} & a_{12} & a_{13} \\ a_{21} & a_{22} & a_{23} \\ a_{31} & a_{32} & a_{33} \end{vmatrix} = a_{11}a_{22}a_{33} + a_{12}a_{23}a_{31} + a_{13}a_{21}a_{32} - a_{11}a_{23}a_{32} - a_{12}a_{21}a_{33} - a_{13}a_{22}a_{31} \tag{5–4}$$

对于三阶行列式的每个元素 a_{ij}，划去其所在的第 i 行和第 j 后剩下的部分是一个二阶子式，称为 a_{ij} 的**余子式**，记为 $M_{ij}(i=1,2,3; j=1,2,3)$.例如：元素 a_{22} 的余子式为：

$$M_{22} = \begin{vmatrix} a_{11} & a_{13} \\ a_{31} & a_{33} \end{vmatrix}$$

M_{ij} 的余子式与 $(-1)^{i+j}$ 的乘积称为 a_{ij} 的**代数余子式**，记为 A_{ij}，即

$$A_{ij} = (-1)^{i+j} M_{ij} \tag{5–5}$$

例如：元素 a_{22} 的代数余子式为：

$$A_{22} = (-1)^{2+2}\cdot M_{22} = 1\times\begin{vmatrix} a_{11} & a_{13} \\ a_{31} & a_{33} \end{vmatrix}$$

将三阶行列式的第一行各元素分别乘以它们的代数余子式，然后将所得的积相加，称为三阶行列式按第一行展开，展开所得的结果为一个数，称为三阶行列式的值.

实际上，三阶行列式按任一行或任一列展开（即将任一行或任一列中各元素分别乘以它们的代数余子式，然后将所得的积再相加）的结果都一致，都等于三阶行列式的值.

三阶行列式按一行或一列展开，可以简化行列式值的计算，我们可以选择含“0”较多的行或列，然后按这行或这列展开.

例 2　计算三阶行列式 $\begin{vmatrix} 2 & 3 & 4 \\ 0 & 0 & -5 \\ -1 & 4 & -2 \end{vmatrix}$.

解 法一

原式 $=2\times0\times(-2)+3\times(-5)\times(-1)+4\times0\times4-4\times0\times(-1)-3\times0\times(-2)-2\times(-5)\times4=55$

法二 按第二行展开

$$原式=0\times(-1)^{2+1}\begin{vmatrix}3&4\\4&-2\end{vmatrix}+0\times(-1)^{2+2}\begin{vmatrix}2&4\\-1&-2\end{vmatrix}+(-5)\times(-1)^{2+3}\begin{vmatrix}2&3\\-1&4\end{vmatrix}=5\times(8+3)=55$$

按某一行（列）展开求行列式的值，其实是用低阶行列式定义高一阶的行列式，因此，可以想到用递归的方法来定义 n 阶行列式，即 n 阶行列式可按照公式由 $n-1$ 阶行列式来定义.

5.1.3 n 阶行列式

定义 3 用 n^2 个元素 $a_{ij}(i,j=1,2,3,\cdots,n)$ 组成的记号

$$D=\begin{vmatrix}a_{11}&a_{12}&\dots&a_{1n}\\a_{21}&a_{22}&\dots&a_{1n}\\\vdots&\vdots&&\vdots\\a_{n1}&a_{n2}&\dots&a_{nn}\end{vmatrix} \tag{5-6}$$

称为 n 阶行列式，简记为 $\det(a_{ij}),|a_{ij}|$.它表示一个数（称为行列式的值），其值为：

$$D=a_{11}A_{11}+a_{12}A_{12}+\cdots+a_{1n}A_{1n}=\sum_{j=1}^{n}a_{1j}A_{1j}\ （其中，\ A_{1j}=(-1)^{1+j}\bullet M_{1j}）$$

习 题 5.1

1. 计算下列行列式的值：

（1）$\begin{vmatrix}2&3\\5&-4\end{vmatrix}$；（2）$\begin{vmatrix}4a-5b&2b\\-6a&-3b\end{vmatrix}$；（3）$\begin{vmatrix}10&8&2\\15&12&3\\20&32&12\end{vmatrix}$；（4）$\begin{vmatrix}1&-2&-1\\2&0&0\\3&1&1\end{vmatrix}$；（5）$\begin{vmatrix}5&1&2&7\\3&0&0&2\\1&3&4&5\\2&0&0&3\end{vmatrix}$.

2. 已知 $A=\begin{vmatrix}4&5&6\\2&3&1\\-1&2&0\end{vmatrix}$，计算 $A_{11}+A_{12}+A_{13}$.

3. 设 4 阶行列式 $D=\begin{vmatrix}1&0&-3&7\\0&1&2&1\\-3&4&0&3\\1&-2&2&-1\end{vmatrix}$，求：

（1）D 的代数余子式 A_{14}；

（2）$A_{11}-2A_{12}+2A_{13}-A_{14}$；

（3）$A_{11}+A_{21}+2A_{32}+2A_{41}$.

5.2　行列式的性质

直接利用行列式的定义来计算行列式的值是比较烦琐的，因此，我们将导出一些行列式的基本性质，利用这些性质简化行列式的计算.

定义 1　设 $D=\begin{vmatrix} a_{11} & a_{12} & \cdots & a_{1n} \\ a_{21} & a_{22} & \cdots & a_{2n} \\ \vdots & \vdots & & \vdots \\ a_{n1} & a_{n2} & \cdots & a_{nn} \end{vmatrix}$，将 D 的行与列互换，得到一个新的行列式，记为：

$$D^{\mathrm{T}}=\begin{vmatrix} a_{11} & a_{21} & \cdots & a_{n1} \\ a_{12} & a_{22} & \cdots & a_{n2} \\ \vdots & \vdots & & \vdots \\ a_{1n} & a_{2n} & \cdots & a_{nn} \end{vmatrix} \tag{5-7}$$

则称 D^{T} 为 D 的转置行列式.

性质 1　行列式与其转置行列式的值相等，即 $D=D^{\mathrm{T}}$.

例 1　计算行列式 $D=\begin{vmatrix} -7 & -5 \\ 3 & 4 \end{vmatrix}$ 的值.

解　$D=\begin{vmatrix} -7 & -5 \\ 3 & 4 \end{vmatrix}=(-7)\times 4-(-5)\times 3=-13$

$D^{\mathrm{T}}=\begin{vmatrix} -7 & 3 \\ -5 & 4 \end{vmatrix}=(-7)\times 4-(-5)\times 3=-13$

故有 $D=D^{\mathrm{T}}$.

性质 5.2.2　互换行列式的两行（或两列），行列式的值相反，即

$$D_1=\begin{vmatrix} a_{11} & a_{12} & \cdots & a_{1n} \\ a_{21} & a_{22} & \cdots & a_{2n} \\ \vdots & \vdots & & \vdots \\ a_{n1} & a_{n2} & \cdots & a_{nn} \end{vmatrix}=-\begin{vmatrix} a_{21} & a_{22} & \cdots & a_{2n} \\ a_{11} & a_{12} & \cdots & a_{1n} \\ \vdots & \vdots & & \vdots \\ a_{n1} & a_{n2} & \cdots & a_{nn} \end{vmatrix}=D_2 \tag{5-8}$$

例 2　计算行列式 $D_1=\begin{vmatrix} 3 & 4 \\ -7 & -5 \end{vmatrix}$ 的值.

解　$D=\begin{vmatrix} -7 & -5 \\ 3 & 4 \end{vmatrix}=(-7)\times 4-(-5)\times 3=-13$

$D_1=\begin{vmatrix} 3 & 4 \\ -7 & -5 \end{vmatrix}=3\times(-5)-4\times(-7)=13$

即 $D=-D_1$.

推论 1　如果行列式有两行（列）完全相同，则行列式的值为零.

例 3 计算行列式$D=\begin{vmatrix}3 & 4\\3 & 4\end{vmatrix}$的值.

解 $D=\begin{vmatrix}3 & 4\\3 & 4\end{vmatrix}=3\times4-4\times3=0$

性质 3 用一个数k乘以行列式，等于将行列式某一行（列）中的所有元素都乘以同一个数k，即

$$k\begin{vmatrix}a_{11} & a_{12} & \cdots & a_{1n}\\a_{21} & a_{22} & \cdots & a_{2n}\\\vdots & \vdots & & \vdots\\a_{n1} & a_{n2} & \cdots & a_{nn}\end{vmatrix}=\begin{vmatrix}a_{11} & a_{12} & \cdots & a_{1n}\\ka_{21} & ka_{22} & \cdots & ka_{2n}\\\vdots & \vdots & & \vdots\\a_{n1} & a_{n2} & \cdots & a_{nn}\end{vmatrix} \tag{5–9}$$

换句话说，若行列式某行（列）元素有公因子k，则可以把它提到行列式符号外面.

例 4 计算行列式$D_1=\begin{vmatrix}6 & 8\\-7 & -5\end{vmatrix}$的值.

解 $D_1=\begin{vmatrix}6 & 8\\-7 & -5\end{vmatrix}=2\begin{vmatrix}3 & 4\\-7 & -5\end{vmatrix}=2\times13=26$

推论 5.2.2 如果行列式有两行（列）元素对应成比例，则行列式的值为零.

例 5 计算行列式$D=\begin{vmatrix}3 & 4\\6 & 8\end{vmatrix}$的值.

解 $D=\begin{vmatrix}3 & 4\\6 & 8\end{vmatrix}=2\begin{vmatrix}3 & 4\\3 & 4\end{vmatrix}=2\times0=0$

性质 4 如果行列式中某一行（列）的每一个元素都可以写成两数之和，则该行列式可以表示为两个相应行列式的和，即

$$D=\begin{vmatrix}a_{11} & a_{12} & \cdots & a_{1n}\\\vdots & \vdots & & \vdots\\a_{i1}+a'_{i1} & a_{i2}+a'_{i2} & \cdots & a_{in}+a'_{in}\\\vdots & \vdots & & \vdots\\a_{n1} & a_{n2} & \cdots & a_{nn}\end{vmatrix},\quad D_1=\begin{vmatrix}a_{11} & a_{12} & \cdots & a_{1n}\\\vdots & \vdots & & \vdots\\a_{i1} & a_{i2} & \cdots & a_{in}\\\vdots & \vdots & & \vdots\\a_{n1} & a_{n2} & \cdots & a_{nn}\end{vmatrix},\quad D_2=\begin{vmatrix}a_{11} & a_{12} & \cdots & a_{1n}\\\vdots & \vdots & & \vdots\\a'_{i1} & a'_{i2} & \cdots & a'_{in}\\\vdots & \vdots & & \vdots\\a_{n1} & a_{n2} & \cdots & a_{nn}\end{vmatrix}$$

则$D=D_1+D_2$. （5–10）

性质 5 将行列式中某一行（列）的所有元素同乘以数k加到另一行（列）对应的元素上，行列式的值不变.

利用上述性质可简化行列式的计算.为方便表示，记r_i表示第i行，c_i表示第i列；$r_i\leftrightarrow r_j(c_i\leftrightarrow c_j)$表示交换第$i$行（列）和第$j$行（列）的元素；$kr_i(kc_i)$表示第$i$行（列）的元素乘以数$k$；$r_i+kr_j(c_i+kc_j)$表示第$j$行（列）的元素乘以$k$加到第$i$行（列）上去.

习　题　5.2

1. 计算下列行列式：

（1）$\begin{vmatrix} -1 & 3 & 2 \\ 3 & 5 & -1 \\ 2 & -1 & 6 \end{vmatrix}$；　（2）$\begin{vmatrix} 1 & 4 & 7 \\ 8 & 2 & 5 \\ 9 & 6 & 3 \end{vmatrix}$；　（3）$\begin{vmatrix} 2 & 4 & 3 \\ 0 & 1 & 0 \\ 3 & 1 & 5 \end{vmatrix}$；

（4）$\begin{vmatrix} a & 0 & b \\ 0 & e & 0 \\ c & 0 & d \end{vmatrix}$；　（5）$\begin{vmatrix} a_{11} & 0 & 0 \\ a_{21} & a_{22} & 0 \\ a_{31} & a_{32} & a_{33} \end{vmatrix}$.

2. 若三阶行列式$\begin{vmatrix} a_{11} & a_{12} & a_{13} \\ a_{21} & a_{22} & a_{23} \\ a_{31} & a_{32} & a_{33} \end{vmatrix}=1$，则$\begin{vmatrix} 4a_{11} & 5a_{11}+3a_{12} & a_{13} \\ 4a_{21} & 5a_{21}+3a_{22} & a_{23} \\ 4a_{31} & 5a_{31}+3a_{32} & a_{33} \end{vmatrix}=1$的值为多少？

5.3　行列式的计算

对于一个阶数较高的行列式，定义 5.1.3 并不是一个较好的计算方法，而上一节中利用行列式的一些基本性质求行列式的值相对简单，这说明为一般地解决行列式值的计算问题，必须利用行列式性质发展有效的计算方法.

1. 三角阵的行列式

例 1　计算下列行列式的值：

$$D=\begin{vmatrix} 1 & -3 & 7 \\ 2 & 4 & -3 \\ -3 & 7 & 2 \end{vmatrix}.$$

解　$D\xlongequal[r_3+(3)r_1]{r_2+(-2)r_1}\begin{vmatrix} 1 & -3 & 7 \\ 0 & 10 & -17 \\ 0 & -2 & 23 \end{vmatrix}\xlongequal{r_3+\left(\frac{1}{5}\right)r_2}\begin{vmatrix} 1 & -3 & 7 \\ 0 & 10 & -17 \\ 0 & 0 & \dfrac{196}{10} \end{vmatrix}=1\times10\times\dfrac{196}{10}=196$

例 2　计算下列行列式的值：

$$D=\begin{vmatrix} 2 & 5 & 2 & 4 \\ 1 & 1 & -1 & 3 \\ -1 & -1 & 2 & 1 \\ 1 & 2 & 3 & 2 \end{vmatrix}.$$

解 $D\xlongequal{r_1\leftrightarrow r_2}-\begin{vmatrix}1&1&-1&3\\2&5&2&4\\-1&-1&2&1\\1&2&3&2\end{vmatrix}\xlongequal[r_4+(-1)r_1]{\substack{r_2+(-2)r_1\\r_3+r_1}}-\begin{vmatrix}1&1&-1&3\\0&3&4&-2\\0&0&1&4\\0&1&4&-1\end{vmatrix}\xlongequal{r_4\leftrightarrow r_2}\begin{vmatrix}1&1&-1&3\\0&1&4&-1\\0&0&1&4\\0&3&4&-2\end{vmatrix}\xlongequal{r_4+(-3)r_2}$

$$\begin{vmatrix}1&1&-1&3\\0&1&4&-1\\0&0&1&4\\0&0&-8&1\end{vmatrix}\xlongequal{r_4+8r_3}\begin{vmatrix}1&1&-1&3\\0&1&4&-1\\0&0&1&4\\0&0&0&33\end{vmatrix}=33$$

此两列说明，对于数字行列式总可以利用性质将其转化成三角形行列式，而三角行列式等于其对角元素之积，从而可以很快得到答案.

2. 各行（列）元素相等的行列式

例 3 计算下列行列式的值：

$$D=\begin{vmatrix}1&2&3&4\\2&3&4&1\\3&4&1&2\\4&1&2&3\end{vmatrix}.$$

解 注意观察，这类行列式的每一行（列）之和都相等，因此我们可以将其余所有列加到第一列，得到所有元素相同的一列，根据性质 3 和性质 5 有：

$$D=\begin{vmatrix}1&2&3&4\\2&3&4&1\\3&4&1&2\\4&1&2&3\end{vmatrix}=\begin{vmatrix}10&2&3&4\\10&3&4&1\\10&4&1&2\\10&1&2&3\end{vmatrix}=10\begin{vmatrix}1&2&3&4\\1&3&4&1\\1&4&1&2\\1&1&2&3\end{vmatrix}$$

然后根据性质 5，利用加乘行变换将第一列除第一行外的其余元素变为 0 得：

$$D=10\begin{vmatrix}1&2&3&4\\0&1&1&-3\\0&2&-2&-2\\0&-1&-1&-1\end{vmatrix}=10\begin{vmatrix}1&1&-3\\2&-2&-2\\-1&-1&-1\end{vmatrix}=160$$

上述的三阶行列式，直接应用对角线法则，展开即可得到结果.

习 题 5.3

计算下列行列式：

（1）$\begin{vmatrix}1&1&1&0\\1&1&0&1\\1&0&1&1\\0&1&1&1\end{vmatrix}$；　　（2）$\begin{vmatrix}1&4&9&16\\4&9&16&25\\9&16&25&36\\16&25&36&49\end{vmatrix}$；

（3）$\begin{vmatrix} a & b & c & d \\ a & d & c & b \\ c & d & a & b \\ c & b & a & d \end{vmatrix}$；　　（4）$\begin{vmatrix} 1 & -1 & 1 & x-1 \\ 1 & -1 & x+1 & -1 \\ 1 & x-1 & 1 & -1 \\ x+1 & -1 & 1 & -1 \end{vmatrix}$.

5.4 克拉默法则

本节我们将二元、三元一次方程组的求解公式推广到一般情形，建立n元一次方程组的求解公式——克拉默法则.

设含有n个未知量，n个方程的线性方程组：

$$\begin{cases} a_{11}x_1 + a_{12}x_2 + \cdots + a_{1n}x_n = b_1, \\ a_{21}x_1 + a_{22}x_2 + \cdots + a_{2n}x_n = b_2, \\ \cdots, \\ a_{n1}x_1 + a_{n2}x_2 + \cdots + a_{nn}x_n = b_n. \end{cases} \tag{5-11}$$

可简写为：

$$\sum_{j=1}^{n} a_{ij}x_j = b_i \ (i=1,2,\cdots,n)$$

其中，$a_{ij}(i,j=1,2,\cdots,n)$称为方程组的系数，$b_i(i=1,2,\cdots,n)$称为方程组的常数项.

方程组的系数行列式为：

$$D = \begin{vmatrix} a_{11} & a_{12} & \cdots & a_{1n} \\ a_{21} & a_{22} & \cdots & a_{2n} \\ \vdots & \vdots & & \vdots \\ a_{n1} & a_{n2} & \cdots & a_{nn} \end{vmatrix} \tag{5-12}$$

其中，第i行表示第i个方程的系数，第j列表示未知量x_j的系数.

定理 1（克拉默法则） 若线性方程组（5-11）的系数行列式$D \neq 0$，则它有唯一解，其解为：

$$x_i = \frac{D_i}{D}(i=1,2,\cdots,n)$$

其中，D_i是用常数项的元素替换系数矩阵D中的第i列所得的行列式，即

$$D_i = \begin{vmatrix} a_{11} & \cdots & a_{1,i-1} & b_1 & a_{1,i+1} & \cdots & a_{1n} \\ a_{21} & \cdots & a_{2,i-1} & b_2 & a_{2,i+1} & \cdots & a_{2n} \\ \vdots & & \vdots & \vdots & \vdots & & \vdots \\ a_{n1} & \cdots & a_{n,i-1} & b_n & a_{n,i+1} & \cdots & a_{nn} \end{vmatrix} (i=1,2,\cdots,n) \tag{5-13}$$

克拉默法则蕴含两个结论：

（1）方程组有解，其解是唯一的；

（2）方程组的解可用公式求解，即

$$x_i=\frac{D_i}{D}(i=1,2,\cdots,n)$$

推论 1 若线性方程组（5–11）无解，或者有两个不同的解，则它的系数行列式 D 的值必为零.

定理 2 若线性方程组（5–11）右边的常数项 b_i 全为零，即

$$\begin{cases}a_{11}x_1+a_{12}x_2+\cdots+a_{1n}x_n=0,\\ a_{21}x_1+a_{22}x_2+\cdots+a_{2n}x_n=0,\\ \cdots,\\ a_{n1}x_1+a_{n2}x_2+\cdots+a_{nn}x_n=0.\end{cases}\tag{5–14}$$

则称方程组（5–14）为**齐次线性方程组**；而（5–11）称为**非齐次线性方程组**.

显然，齐次线性方程组总有解，即 $x_1=x_2=\cdots=x_n=0$，我们称之为零解；若一组解不全为零，则称之为非零解.由克拉默法则知，当系数行列式 $D\neq0$ 时，方程组有唯一解，而零解也是它的解，从而得知齐次线性方程组仅有唯一解零解.于是有如下结论：

推论 2 如果齐次线性方程组（5–14）有非零解，则系数行列式 $D=0$.

例 1 讨论线性方程组的解：

$$\begin{cases}x_1-3x_2+7x_3=2,\\ 2x_1+4x_2-3x_3=-1,\\ -3x_1+7x_2+2x_3=3.\end{cases}$$

解 系数行列式 $D=\begin{vmatrix}1&-3&7\\2&4&-3\\-3&7&2\end{vmatrix}=196\neq0$

据克拉默法则知，方程组有唯一解，此时

$$D_1=\begin{vmatrix}2&-3&7\\-1&4&-3\\3&7&2\end{vmatrix}=-54,D_2=\begin{vmatrix}1&2&7\\2&-1&-3\\-3&3&2\end{vmatrix}=38,D_3=\begin{vmatrix}1&-3&2\\2&4&-1\\-3&7&3\end{vmatrix}=80$$

故方程组的唯一解为：

$$x_1=\frac{D_1}{D}=\frac{-54}{196}=-\frac{27}{98}$$

$$x_2=\frac{D_2}{D}=\frac{38}{196}=\frac{19}{98}$$

$$x_3=\frac{D_3}{D}=\frac{80}{196}=\frac{20}{49}$$

例 2 当 a、b 为何值时，下列齐次线性方程组有非零解？

$$\begin{cases} ax_1 + x_2 + x_3 = 0, \\ x_1 + bx_2 + x_3 = 0, \\ x_1 + 2bx_2 + x_3 = 0. \end{cases}$$

解 由推论可知，要使齐次线性方程组有非零解，则其系数行列式为零，即

$$D = \begin{vmatrix} a & 1 & 1 \\ 1 & b & 1 \\ 1 & 2b & 1 \end{vmatrix} = 0$$

即 $ab + 2b + 1 - b - 2ab - 1 = 0$，得 $a = 1$ 或 $b = 0$.

故当 $a = 1$ 或 $b = 0$ 时，方程组有非零解.

习 题 5.4

1. 用克拉默法则解线性方程组：

（1）$\begin{cases} x_1 - x_2 + x_3 = 2, \\ x_1 + 2x_2 = 1, \\ x_1 - x_3 = 4; \end{cases}$

（2）$\begin{cases} 2x_1 - x_2 - x_3 = 4, \\ 3x_1 + 4x_2 - 2x_3 = 11, \\ 3x_1 - 2bx_2 + 4x_3 = 11; \end{cases}$

（3）$\begin{cases} 2x_1 + x_2 - 5x_3 + x_4 = 8, \\ x_1 - 3x_2 - 6x_4 = -1, \\ 2x_2 - x_3 + 2x_4 = -5, \\ x_1 + 4x_2 - 7x_3 + 6x_4 = 0. \end{cases}$

2. 设齐次线性方程组有非零解，问：k 应该满足什么条件？

$$\begin{cases} kx_1 + x_4 = 0, \\ x_1 + 2x_2 - x_4 = 0, \\ (k+2)x_1 - x_2 + 4x_4 = 0, \\ 2x_1 + x_2 + 3x_3 + kx_4 = 0. \end{cases}$$

5.5 矩 阵

矩阵是线性代数的主要研究对象之一，是解线性方程组的重要工具.矩阵已经成为众多科学技术领域的主要数学工具，它不仅在代数学自身有广泛的应用，而且在数学的其他分支及物理学、经济学及其他社会科学领域中都有广泛应用.

5.5.1 矩阵的定义

定义 1 给定正整数 m、n，将 $m\times n$ 个数 $a_{ij}(i=1,2,\cdots,m;j=1,2,\cdots,n)$ 排成 m 行 n 列的数表，记为：

$$\boldsymbol{A}_{m\times n}=\begin{pmatrix} a_{11} & a_{12} & \dots & a_{1n} \\ a_{21} & a_{22} & \dots & a_{2n} \\ \vdots & \vdots & & \vdots \\ a_{m1} & a_{m2} & \dots & a_{mn} \end{pmatrix}_{m\times n} \tag{5–15}$$

称 $\boldsymbol{A}$ 为一个 m 行 n 列的矩阵，简记为 $\boldsymbol{A}_{m\times n}$ 或 $\boldsymbol{A}$ 或 (a_{ij}). m 和 n 分别为矩阵的行数和列数，a_{ij} 称为矩阵 $\boldsymbol{A}$ 中第 i 行和第 j 列的元素.

1. 特殊矩阵

（1）**零矩阵**. 矩阵 $\boldsymbol{A}_{m\times n}$ 中所以元素都为 0，记为：$\boldsymbol{O}_{m\times n}$.

（2）**方阵**. 矩阵 $\boldsymbol{A}_{m\times n}$ 的行数和列数相等，即 $m=n$，记作：$\boldsymbol{A}_n$.

（3）**三角阵**. 方阵 $\boldsymbol{A}_n$ 形如：

$$\boldsymbol{A}=\begin{pmatrix} a_{11} & 0 & \dots & 0 \\ a_{21} & a_{22} & \dots & 0 \\ \vdots & \vdots & & \vdots \\ a_{n1} & a_{n2} & \dots & a_{nn} \end{pmatrix}_{n\times n} \text{或} \begin{pmatrix} a_{11} & a_{12} & \dots & a_{1n} \\ 0 & a_{22} & \dots & a_{2n} \\ \vdots & \vdots & & \vdots \\ 0 & 0 & \dots & a_{nn} \end{pmatrix}_{nn}$$

即方阵中对角线 $a_{11},a_{22},\cdots,a_{nn}$ 的上方（或者下方）全为 0，称为**下三角阵**（或**上三角阵**）.

（4）**对角阵**. 方阵 $\boldsymbol{A}_n$ 中除主对角线元素外的所有元素全为 0，即

$$\boldsymbol{A}=\begin{pmatrix} a_{11} & 0 & \dots & 0 \\ 0 & a_{22} & \dots & 0 \\ \vdots & \vdots & & \vdots \\ 0 & 0 & \dots & a_{nn} \end{pmatrix}_{n\times n}$$

（5）**数量阵**. 对角阵 $\boldsymbol{A}_n$ 中对角线所有元素都相等，即 $a_{11}=a_{22}=\cdots=a_{nn}=k\neq 0$，即

$$\boldsymbol{A}=\begin{pmatrix} k & 0 & \dots & 0 \\ 0 & k & \dots & 0 \\ \vdots & \vdots & & \vdots \\ 0 & 0 & \dots & k \end{pmatrix}_{n\times n}$$

（6）**单位阵**. 数量阵 $\boldsymbol{A}_n$ 中的 $k=1$，通常记为：$\boldsymbol{E}_n$，即

$$\boldsymbol{A}=\begin{pmatrix} 1 & 0 & \dots & 0 \\ 0 & 1 & \dots & 0 \\ \vdots & \vdots & & \vdots \\ 0 & 0 & \dots & 1 \end{pmatrix}_{n\times n}$$

2. 矩阵间的关系

设有矩阵 $\boldsymbol{A}_{m\times n}=(a_{ij})$ 和 $\boldsymbol{B}_{s\times t}=(b_{ij})$，有以下关于矩阵的基本关系：

（1）**同型矩阵**. 即矩阵 $\boldsymbol{A}$ 和 $\boldsymbol{B}$ 对应的行数和列数相同.

（2）**相等矩阵**. 两个同型矩阵 $\boldsymbol{A}$ 和 $\boldsymbol{B}$，对应位置的元素相等，即 $a_{ij}=b_{ij}$，记作 $\boldsymbol{A}=\boldsymbol{B}$.

例 1　设有矩阵 $\boldsymbol{A}$ 和 $\boldsymbol{B}$，且 $\boldsymbol{A}=\boldsymbol{B}$，即

$$\begin{bmatrix} x & -1 & -8 \\ 0 & y & 4 \end{bmatrix}=\begin{bmatrix} 3 & -1 & z \\ 0 & 2 & 4 \end{bmatrix}$$

则有：$x=3, y=2, z=-8$.

5.5.2　矩阵的运算

1. 矩阵加法

阶数相同的矩阵可以相加：同阶的两个矩阵相加，只要将它们的对应元素分别相加，其和仍为同阶的矩阵，即

设 $\boldsymbol{A}=(a_{ij})_{m\times n},\boldsymbol{B}=(b_{ij})_{m\times n}$，则：

$$\boldsymbol{A}+\boldsymbol{B}=(a_{ij}+b_{ij})_{m\times n}=\begin{pmatrix} a_{11}+b_{11} & a_{12}+b_{12} & \cdots & a_{1n}+b_{1n} \\ a_{21}+b_{21} & a_{22}+b_{22} & \cdots & a_{2n}+b_{2n} \\ \vdots & \vdots & & \vdots \\ a_{m1}+b_{m1} & a_{m2}+b_{m2} & \cdots & a_{mn}+b_{mn} \end{pmatrix}$$

加法的逆运算是减法，同阶矩阵可以相减，减去一个矩阵，就是加上这个矩阵的负矩阵，故若 $\boldsymbol{A}$ 和 $\boldsymbol{B}$ 是同阶矩阵，则：

$$\boldsymbol{A}-\boldsymbol{B}=\boldsymbol{A}+(-\boldsymbol{B})$$

特别地

$$\boldsymbol{A}-\boldsymbol{A}=\boldsymbol{O}$$

2. 数乘矩阵

一个数乘以一个矩阵，只要用这个数乘以矩阵的每一个元素即可，结果仍为矩阵，如：实数 λ 与矩阵 $\boldsymbol{A}$ 的乘积记作 $\lambda\boldsymbol{A}$ 或 $\boldsymbol{A}\lambda$，即

$$\lambda\boldsymbol{A}=\boldsymbol{A}\lambda=(\lambda a_{ij})_{m\times n}=\begin{pmatrix} \lambda a_{11} & \lambda a_{12} & \cdots & \lambda a_{1n} \\ \lambda a_{21} & \lambda a_{22} & \cdots & \lambda a_{2n} \\ \vdots & \vdots & & \vdots \\ \lambda a_{m1} & \lambda a_{m2} & \cdots & \lambda a_{mn} \end{pmatrix}$$

由定义知，

$$1\times\boldsymbol{A}=\boldsymbol{A};0\times\boldsymbol{A}=\boldsymbol{O},(-1)\times\boldsymbol{A}=-\boldsymbol{A}=(-a_{ij})_{m\times n}$$

称 $-\boldsymbol{A}$ 为矩阵 $\boldsymbol{A}$ 的负矩阵.

3. 矩阵加法和数乘的运算规律（其中 $\boldsymbol{A}$、$\boldsymbol{B}$、$\boldsymbol{C}$ 为同阶矩阵，k、l 为常数）

（1）$\boldsymbol{A}+\boldsymbol{B}=\boldsymbol{B}+\boldsymbol{A}$；

（2）$(\boldsymbol{A}+\boldsymbol{B})+\boldsymbol{C}=\boldsymbol{A}+(\boldsymbol{B}+\boldsymbol{C})$；

（3）$\boldsymbol{A}+\boldsymbol{O}=\boldsymbol{A}; \boldsymbol{A}+(-\boldsymbol{A})=\boldsymbol{O}; 1\boldsymbol{A}=\boldsymbol{A}$；

（4）$(kl)\boldsymbol{A}=k(l\boldsymbol{A})$；

（5）$(k+l)\boldsymbol{A}=k\boldsymbol{A}+l\boldsymbol{A}$；

（6）$k(\boldsymbol{A}+\boldsymbol{B})=k\boldsymbol{A}+k\boldsymbol{B}$.

例 2 设 $\boldsymbol{A}=\begin{pmatrix}1 & -2 & 0\\ 4 & 3 & 5\end{pmatrix}, \boldsymbol{B}=\begin{pmatrix}8 & 2 & 6\\ 5 & 3 & 4\end{pmatrix}$，满足 $2\boldsymbol{A}+\boldsymbol{X}=\boldsymbol{B}-2\boldsymbol{X}$，求矩阵 $\boldsymbol{X}$.

解 $\boldsymbol{X}=\dfrac{1}{3}(\boldsymbol{B}-2\boldsymbol{A})=\begin{pmatrix}2 & 2 & 2\\ -1 & -1 & 2\end{pmatrix}$

例 3 已知

$$\boldsymbol{A}=\begin{pmatrix}2 & 3 & -1\\ -4 & 0 & 5\end{pmatrix}, \boldsymbol{B}=\begin{pmatrix}-3 & 0 & 1\\ 2 & -4 & 6\end{pmatrix}$$

求：（1）$\boldsymbol{A}+2\boldsymbol{B}$；（2）$2\boldsymbol{A}-3\boldsymbol{B}$.

解 （1）$\boldsymbol{A}+2\boldsymbol{B}=\begin{pmatrix}2 & 3 & -1\\ -4 & 0 & 5\end{pmatrix}+2\begin{pmatrix}-3 & 0 & 1\\ 2 & -4 & 6\end{pmatrix}=\begin{pmatrix}2 & 3 & -1\\ -4 & 0 & 5\end{pmatrix}+\begin{pmatrix}-6 & 0 & 2\\ 4 & -8 & 12\end{pmatrix}$

$=\begin{pmatrix}-4 & 3 & 1\\ 0 & -8 & 17\end{pmatrix}$

（2）$2\boldsymbol{A}-3\boldsymbol{B}=2\begin{pmatrix}2 & 3 & -1\\ -4 & 0 & 5\end{pmatrix}-3\begin{pmatrix}-3 & 0 & 1\\ 2 & -4 & 6\end{pmatrix}=\begin{pmatrix}4 & 6 & -2\\ -8 & 0 & 10\end{pmatrix}-\begin{pmatrix}-9 & 0 & 3\\ 6 & -12 & 18\end{pmatrix}$

$=\begin{pmatrix}13 & 6 & -5\\ -14 & 12 & -8\end{pmatrix}$

5.5.3 矩阵的乘法

1. 矩阵乘法

$\boldsymbol{A}$ 是 $m\times n$ 矩阵，$\boldsymbol{B}$ 是 $n\times l$ 矩阵，则 $\boldsymbol{A}$ 与 $\boldsymbol{B}$ 的乘积记为 $\boldsymbol{C}=\boldsymbol{AB}$，其中，$\boldsymbol{C}$ 是 $m\times l$ 矩阵，且

$$c_{ij}=\sum_{k=1}^{n}a_{ik}b_{kj}\,(i=1,2,\cdots,m; j=1,2,\cdots,l)$$

注：只有当**左边矩阵的列数等于右边矩阵的行数**时才能进行矩阵乘法运算，矩阵乘法法则满足“**左行乘右列**”.

例 4 已知 $\boldsymbol{A}=\begin{pmatrix}2 & 0 & 1\\ -1 & 2 & 0\end{pmatrix}, \boldsymbol{B}=\begin{pmatrix}1 & 1 & 0 & 2\\ -2 & 1 & -1 & 3\\ 0 & -1 & 2 & 0\end{pmatrix}$，求 $\boldsymbol{AB}$.

解　因为 $\boldsymbol{A}=(a_{ij})_{2\times3}, \boldsymbol{B}=(b_{ij})_{3\times4}$, 所以 $\boldsymbol{AB}=\boldsymbol{C}=(c_{ij})_{2\times4}$，即 $\boldsymbol{C}=\begin{pmatrix} c_{11} & c_{12} & c_{13} & c_{14} \\ c_{21} & c_{22} & c_{23} & c_{24} \end{pmatrix}$

且
$$c_{11}=2\times1+0\times(-2)+1\times0=2; c_{12}=2\times1+0\times1+1\times(-1)=1;$$
$$c_{13}=2\times0+0\times(-1)+1\times2=2; c_{14}=2\times2+0\times3+1\times0=4;$$
$$c_{21}=-1\times1+2\times(-2)+0\times0=-5; c_{22}=-1\times1+2\times1+0\times(-1)=1;$$
$$c_{23}=-1\times0+2\times(-1)+0\times2=-2; c_{24}=-1\times2+2\times3+0\times0=4.$$

故
$$\boldsymbol{C}=\begin{pmatrix} 2 & 1 & 2 & 4 \\ -5 & 1 & -2 & 4 \end{pmatrix}$$

例 5　设矩阵 $\boldsymbol{A}=\begin{pmatrix} a & a \\ -a & -a \end{pmatrix}, \boldsymbol{B}=\begin{pmatrix} b & -b \\ -b & b \end{pmatrix}$，计算 $\boldsymbol{AB}$、$\boldsymbol{BA}$.

解　$\boldsymbol{AB}=\begin{pmatrix} a & a \\ -a & -a \end{pmatrix}\begin{pmatrix} b & -b \\ -b & b \end{pmatrix}=\begin{pmatrix} 0 & 0 \\ 0 & 0 \end{pmatrix}$

$$\boldsymbol{BA}=\begin{pmatrix} b & -b \\ -b & b \end{pmatrix}\begin{pmatrix} a & a \\ -a & -a \end{pmatrix}=\begin{pmatrix} 2ab & 2ab \\ -2ab & -2ab \end{pmatrix}$$

由上述例子可知，**矩阵的乘法不满足交换律**.

2. 矩阵的乘法满足以下运算规律

（1）$(\boldsymbol{AB})\boldsymbol{C}=\boldsymbol{A}(\boldsymbol{BC})$;

（2）$\boldsymbol{A}(\boldsymbol{B}+\boldsymbol{C})=\boldsymbol{AB}+\boldsymbol{AC}, (\boldsymbol{A}+\boldsymbol{B})\boldsymbol{C}=\boldsymbol{AC}+\boldsymbol{BC}$;

（3）$\lambda(\boldsymbol{AB})=\boldsymbol{A}(\lambda\boldsymbol{B})$;

（4）$\boldsymbol{EA}=\boldsymbol{AE}=\boldsymbol{A}$;

（5）若 $\boldsymbol{A}$ 为方阵，将 k 个 $\boldsymbol{A}$ 相乘记作 $\boldsymbol{A}^k$，称为 $\boldsymbol{A}$ 的 k 次幂，且
$$\boldsymbol{A}^k\boldsymbol{A}^l=\boldsymbol{A}^{k+l}, (\boldsymbol{A}^k)^l=\boldsymbol{A}^{kl}$$

例 6　设 $\boldsymbol{A}=\begin{pmatrix} 1 & 0 & 1 \\ 0 & 3 & 0 \\ 0 & 0 & 1 \end{pmatrix}$，计算 $\boldsymbol{A}^k$.

解　$\boldsymbol{A}^2=\begin{pmatrix} 1 & 0 & 1 \\ 0 & 3 & 0 \\ 0 & 0 & 1 \end{pmatrix}\begin{pmatrix} 1 & 0 & 1 \\ 0 & 3 & 0 \\ 0 & 0 & 1 \end{pmatrix}=\begin{pmatrix} 1 & 0 & 2 \\ 0 & 3^2 & 0 \\ 0 & 0 & 1 \end{pmatrix}$

$$\boldsymbol{A}^3=\boldsymbol{A}^2\boldsymbol{A}=\begin{pmatrix} 1 & 0 & 2 \\ 0 & 3^2 & 0 \\ 0 & 0 & 1 \end{pmatrix}\begin{pmatrix} 1 & 0 & 1 \\ 0 & 3 & 0 \\ 0 & 0 & 1 \end{pmatrix}=\begin{pmatrix} 1 & 0 & 3 \\ 0 & 3^3 & 0 \\ 0 & 0 & 1 \end{pmatrix}$$

可归纳出 $\boldsymbol{A}^k=\begin{pmatrix} 1 & 0 & k \\ 0 & 3^k & 0 \\ 0 & 0 & 1 \end{pmatrix}$.

5.5.4 矩阵的转置

定义 2 把矩阵 $\boldsymbol{A}$ 的行列互换，所得到的新的矩阵，称为矩阵 $\boldsymbol{A}$ 的转置矩阵，记为：$\boldsymbol{A}^{\mathrm{T}}$，即

$$\boldsymbol{A}=\begin{pmatrix} a_{11} & a_{12} & \cdots & a_{1n} \\ a_{21} & a_{22} & \cdots & a_{2n} \\ \vdots & \vdots & & \vdots \\ a_{m1} & a_{m2} & \cdots & a_{mn} \end{pmatrix}_{m\times n},\quad \boldsymbol{A}^{\mathrm{T}}=\begin{pmatrix} a_{11} & a_{12} & \cdots & a_{1n} \\ a_{21} & a_{22} & \cdots & a_{2n} \\ \vdots & \vdots & & \vdots \\ a_{m1} & a_{m2} & \cdots & a_{mn} \end{pmatrix}_{m\times n}^{\mathrm{T}}=\begin{pmatrix} a_{11} & a_{21} & \cdots & a_{m1} \\ a_{12} & a_{22} & \cdots & a_{m2} \\ \vdots & \vdots & & \vdots \\ a_{1n} & a_{2n} & \cdots & a_{mn} \end{pmatrix}_{n\times m}$$

例 7 设 $\boldsymbol{A}=\begin{pmatrix} 1 & 0 & 1 \\ 0 & 3 & 0 \\ 0 & 0 & 1 \end{pmatrix}$，计算 $\boldsymbol{A}^{\mathrm{T}}$.

解 $\boldsymbol{A}^{\mathrm{T}}=\begin{pmatrix} 1 & 0 & 1 \\ 0 & 3 & 0 \\ 0 & 0 & 1 \end{pmatrix}^{\mathrm{T}}=\begin{pmatrix} 1 & 0 & 0 \\ 0 & 3 & 0 \\ 1 & 0 & 1 \end{pmatrix}$

矩阵的转置满足以下运算规律：

（1）$(\boldsymbol{A}^{\mathrm{T}})^{\mathrm{T}}=\boldsymbol{A}$；

（2）$(\boldsymbol{A}+\boldsymbol{B})^{\mathrm{T}}=\boldsymbol{A}^{\mathrm{T}}+\boldsymbol{B}^{\mathrm{T}}$；

（3）$(k\boldsymbol{A})^{\mathrm{T}}=k\boldsymbol{A}^{\mathrm{T}}$；

（4）$(\boldsymbol{AB})^{\mathrm{T}}=\boldsymbol{B}^{\mathrm{T}}\boldsymbol{A}^{\mathrm{T}}$.

满足 $\boldsymbol{A}^{\mathrm{T}}=\boldsymbol{A}$ 的 n 阶方阵 $\boldsymbol{A}$ 称为**对称矩阵**，显然对称矩阵中的元素 $a_{ij}=a_{ji}$，其中 $i,j=1,2,\cdots,n$.

例 8 设 $\boldsymbol{A}=\begin{pmatrix} 2 & 0 & 1 \\ 3 & 4 & 0 \end{pmatrix}$，$\boldsymbol{B}=\begin{pmatrix} 5 & 3 \\ 0 & 4 \\ 4 & 5 \end{pmatrix}$，求 $(\boldsymbol{AB})^{\mathrm{T}}$.

解 法一 $\boldsymbol{AB}=\begin{pmatrix} 2 & 0 & 1 \\ 3 & 4 & 0 \end{pmatrix}\begin{pmatrix} 5 & 3 \\ 0 & 4 \\ 4 & 5 \end{pmatrix}=\begin{pmatrix} 14 & 11 \\ 15 & 25 \end{pmatrix}$

$$(\boldsymbol{AB})^{\mathrm{T}}=\begin{pmatrix} 14 & 11 \\ 15 & 25 \end{pmatrix}^{\mathrm{T}}=\begin{pmatrix} 14 & 15 \\ 11 & 25 \end{pmatrix}$$

法二 $(\boldsymbol{AB})^{\mathrm{T}}=\boldsymbol{B}^{\mathrm{T}}\boldsymbol{A}^{\mathrm{T}}=\begin{pmatrix} 5 & 0 & 4 \\ 3 & 4 & 5 \end{pmatrix}\begin{pmatrix} 2 & 3 \\ 0 & 4 \\ 1 & 0 \end{pmatrix}=\begin{pmatrix} 14 & 15 \\ 11 & 25 \end{pmatrix}$

5.5.5　方阵的行列式

设 $\boldsymbol{A}=\begin{pmatrix} a_{11} & a_{12} & \cdots & a_{1n} \\ a_{21} & a_{22} & \cdots & a_{2n} \\ \vdots & \vdots & & \vdots \\ a_{n1} & a_{n2} & \cdots & a_{nn} \end{pmatrix}$ 为 n 阶方阵，则矩阵 $\boldsymbol{A}$ 的行列式为：

$$|\boldsymbol{A}|=\det \boldsymbol{A}=\begin{vmatrix} a_{11} & a_{12} & \cdots & a_{1n} \\ a_{21} & a_{22} & \cdots & a_{2n} \\ \vdots & \vdots & & \vdots \\ a_{n1} & a_{n2} & \cdots & a_{nn} \end{vmatrix}$$

注：只有方阵才有行列式.

例 9　设 $\boldsymbol{A}=\begin{pmatrix} 1 & 2 \\ 3 & 4 \end{pmatrix}$，则其行列式值为 $|\boldsymbol{A}|=\begin{vmatrix} 1 & 2 \\ 3 & 4 \end{vmatrix}=1\times 4-2\times 3=-2$.

习　题　5.5

1. 设有矩阵 $\boldsymbol{A}$ 和 $\boldsymbol{B}$ 如下：

$$\boldsymbol{A}=\begin{pmatrix} \alpha & 0 \\ \beta^2 & \alpha^2 \end{pmatrix}, \boldsymbol{B}=\begin{pmatrix} \beta & 0 \\ \beta+2 & 1 \end{pmatrix}$$

若 $\boldsymbol{A}=\boldsymbol{B}$，求 α、β.

2. 已知矩阵 $\boldsymbol{A}$ 和 $\boldsymbol{B}$ 如下：

$$\boldsymbol{A}=\begin{pmatrix} 1 & 2 & 3 \\ 3 & 2 & 1 \end{pmatrix}, \boldsymbol{B}=\begin{pmatrix} 1 & 3 \\ 2 & 2 \\ 3 & 1 \end{pmatrix}$$

（1）求 $\boldsymbol{A}$ 和 $\boldsymbol{B}$ 的行数、列数；（2）求 a_{21}、b_{32}；（3）判断 $\boldsymbol{A}$ 和 $\boldsymbol{B}$ 是否相等.

3. 写出下列矩阵的转置：

$$\boldsymbol{A}=\begin{pmatrix} 1 & 3 & 5 \\ 2 & 4 & 6 \end{pmatrix};\quad \boldsymbol{B}=\begin{pmatrix} 1 & -1 \\ -1 & 1 \end{pmatrix};\quad \boldsymbol{E}_3.$$

4. 已知 $\boldsymbol{A}=\begin{pmatrix} 1 & 3 & 2 \\ 2 & 0 & -1 \end{pmatrix}, \boldsymbol{B}=\begin{pmatrix} 3 & 5 & -1 \\ 4 & 2 & 7 \\ 2 & 0 & 6 \end{pmatrix}$，求 $(\boldsymbol{AB})^{\mathrm{T}}$.

5. 计算下列矩阵的行列式：

$$\boldsymbol{A}=\begin{pmatrix} 1 & 3 & 2 \\ 2 & 0 & -1 \end{pmatrix};\quad \boldsymbol{B}=\begin{pmatrix} 1 & 2 & -1 \\ 3 & 4 & -2 \\ 5 & -4 & 1 \end{pmatrix}.$$

6. 计算下列矩阵的乘积：

（1）$(-1,2,1)\begin{pmatrix}3\\1\\2\end{pmatrix}$；　　（2）$\begin{pmatrix}1\\2\\3\\4\end{pmatrix}(-1,2)$；

（3）$\begin{pmatrix}1&2&3\\-2&1&2\end{pmatrix}\begin{pmatrix}1&2&0\\0&1&1\\3&0&-1\end{pmatrix}$.

5.6 逆 矩 阵

在数的运算中，当数$a\neq 0$时，有$aa^{-1}=a^{-1}a=1$，其中$a^{-1}=\dfrac{1}{a}$是a的倒数（也称为a的逆）. 在矩阵的运算中，单位矩阵$\boldsymbol{E}$的作用相当于数的乘法中的 1. 类似地，对于矩阵$\boldsymbol{A}$，是否存在一个矩阵$\boldsymbol{A}^{-1}$，使得$\boldsymbol{AA}^{-1}=\boldsymbol{A}^{-1}\boldsymbol{A}=\boldsymbol{E}$，这将是我们下面研究的问题.

定义 1　设$\boldsymbol{A}$为n阶方阵，如果存在n阶方阵$\boldsymbol{B}$，使得

$$\boldsymbol{AB}=\boldsymbol{BA}=\boldsymbol{E}$$

则称$\boldsymbol{A}$是可逆的，简称$\boldsymbol{B}$为$\boldsymbol{A}$的**逆矩阵**，记作$\boldsymbol{B}=\boldsymbol{A}^{-1}$.

由上述定义可知，若$\boldsymbol{A}$是可逆的，$\boldsymbol{A}$的逆矩阵为$\boldsymbol{A}^{-1}$，则$\boldsymbol{A}^{-1}$也是逆的，$\boldsymbol{A}^{-1}$的逆矩阵为$\boldsymbol{A}$. 即

$$(\boldsymbol{A}^{-1})^{-1}=\boldsymbol{A}$$

故$\boldsymbol{A}$与$\boldsymbol{A}^{-1}$互为逆矩阵.

下面我们将思考下列问题：

（1）什么样的矩阵$\boldsymbol{A}$存在逆矩阵？

（2）当矩阵$\boldsymbol{A}$的逆矩阵存在时，应该如何求解？

定理 1　若矩阵$\boldsymbol{A}$可逆，则$\boldsymbol{A}$的行列式不为零，即$|\boldsymbol{A}|\neq 0$（非奇异的）.

（若方阵$\boldsymbol{A}$的行列式$|\boldsymbol{A}|=0$，则称$\boldsymbol{A}$是**奇异的**，否则称为非奇异的）.

证明　若$\boldsymbol{A}$可逆，设其逆矩阵为$\boldsymbol{A}^{-1}$，则

$$\boldsymbol{AA}^{-1}=\boldsymbol{E}$$

等式两边同时取行列式，得

$$|\boldsymbol{AA}^{-1}|=|\boldsymbol{E}|$$

左边：$|\boldsymbol{AA}^{-1}|=|\boldsymbol{A}||\boldsymbol{A}^{-1}|$，右边：$|\boldsymbol{E}|=1$.

故：$|\boldsymbol{A}||\boldsymbol{A}^{-1}|=1\neq 0$，因而$|\boldsymbol{A}|\neq 0$.

定理 2　若矩阵$\boldsymbol{A}$可逆，则$\boldsymbol{A}$的逆矩阵唯一.

证明　设$\boldsymbol{M}$、$\boldsymbol{N}$均为矩阵$\boldsymbol{A}$的逆矩阵，则

$$\boldsymbol{AM}=\boldsymbol{MA}=\boldsymbol{E}$$
$$\boldsymbol{AN}=\boldsymbol{NA}=\boldsymbol{E}$$
$$\boldsymbol{M}=\boldsymbol{ME}=\boldsymbol{M}(\boldsymbol{AN})=(\boldsymbol{MA})\boldsymbol{N}=\boldsymbol{EN}=\boldsymbol{N}$$

故得唯一性.

定义 2　设 $\boldsymbol{A}$ 为 n 阶方阵，$\boldsymbol{A}$ 的行列式为：

$$|\boldsymbol{A}|=\begin{vmatrix} a_{11} & a_{12} & \cdots & a_{1n} \\ a_{21} & a_{22} & \cdots & a_{2n} \\ \vdots & \vdots & & \vdots \\ a_{n1} & a_{n2} & \cdots & a_{nn} \end{vmatrix}$$

设 $|\boldsymbol{A}|$ 中元素 a_{ij} 的代数余子式为 A_{ij}（注：A_{ij} 为行列式的值，故表示为数），称以 A_{ij} 为元素的方阵：

$$\boldsymbol{A}^*=\begin{pmatrix} A_{11} & A_{21} & \cdots & A_{n1} \\ A_{12} & A_{22} & \cdots & A_{n2} \\ \vdots & \vdots & & \vdots \\ A_{1n} & A_{2n} & \cdots & A_{nn} \end{pmatrix}$$

为矩阵 $\boldsymbol{A}$ 的**伴随矩阵**.

定理 3　n 阶方阵 $\boldsymbol{A}$ 为可逆矩阵的充要条件为：$|\boldsymbol{A}|\neq 0$，且 $\boldsymbol{A}$ 可逆时有

$$\boldsymbol{A}^{-1}=\frac{1}{|\boldsymbol{A}|}\boldsymbol{A}^*$$

例 1　根据定义求下列矩阵的逆：

$$\boldsymbol{A}=\begin{pmatrix} 1 & 3 \\ 0 & 1 \end{pmatrix}.$$

解　设矩阵 $\boldsymbol{A}$ 的逆矩阵为

$$\boldsymbol{A}^{-1}=\begin{pmatrix} a & b \\ c & d \end{pmatrix}$$

则有

$$\boldsymbol{A}\boldsymbol{A}^{-1}=\begin{pmatrix} 1 & 3 \\ 0 & 1 \end{pmatrix}\begin{pmatrix} a & b \\ c & d \end{pmatrix}=\begin{pmatrix} a+3c & b+3d \\ c & d \end{pmatrix}=\begin{pmatrix} 1 & 0 \\ 0 & 1 \end{pmatrix}=\boldsymbol{E}$$

有

$$\begin{cases} a+3c=1, \\ b+3d=0, \\ c=0, \\ d=1 \end{cases}\Rightarrow\begin{cases} a=1, \\ b=-3, \\ c=0, \\ d=1. \end{cases}$$

故有：$\boldsymbol{A}^{-1}=\begin{pmatrix} 1 & -3 \\ 0 & 1 \end{pmatrix}$.

例 2　试证下列对角阵是否可逆，若可逆，求出其逆矩阵：

$$\boldsymbol{A}=\begin{pmatrix} 2 & 0 & 0 \\ 0 & 3 & 0 \\ 0 & 0 & 4 \end{pmatrix}.$$

解 $|\boldsymbol{A}|=\begin{vmatrix}2 & 0\\0 & 3\end{vmatrix}=6\neq 0$，故逆矩阵存在，设为

$$\boldsymbol{A}^{-1}=\begin{pmatrix}a & b & c\\d & e & f\\g & h & i\end{pmatrix}$$

有

$$\boldsymbol{A}\boldsymbol{A}^{-1}=\begin{pmatrix}2 & 0 & 0\\0 & 3 & 0\\0 & 0 & 4\end{pmatrix}\begin{pmatrix}a & b & c\\d & e & f\\g & h & i\end{pmatrix}=\begin{pmatrix}1 & 0 & 0\\0 & 1 & 0\\0 & 0 & 1\end{pmatrix}=\boldsymbol{E}$$

故有 $a=\frac{1}{2}, e=\frac{1}{3}, i=\frac{1}{4}, b=c=d=f=g=h=0$.

即
$$\boldsymbol{A}^{-1}=\begin{pmatrix}\frac{1}{2} & 0 & 0\\0 & \frac{1}{3} & 0\\0 & 0 & \frac{1}{4}\end{pmatrix}$$

由上述例子可以看出，当方阵的阶数较大或为一般方阵（不是对角阵等特殊矩阵）时，利用定义来求解逆矩阵比较困难，故引入伴随矩阵的方法来对逆矩阵进行求解.

例 3 求下列方阵的逆矩阵：

$$\boldsymbol{A}=\begin{pmatrix}1 & 2 & -1\\3 & 4 & -2\\5 & -4 & 1\end{pmatrix}.$$

解 $\boldsymbol{A}=\begin{vmatrix}1 & 2 & -1\\3 & 4 & -2\\5 & -4 & 1\end{vmatrix}=2\neq 0$，故逆矩阵存在，且

$$A_{11}=(-1)^{1+1}\begin{vmatrix}4 & -2\\-4 & 1\end{vmatrix}=4-8=-4;\quad A_{12}=(-1)^{1+2}\begin{vmatrix}3 & -2\\5 & 1\end{vmatrix}=-13;$$

$$A_{13}=(-1)^{1+3}\begin{vmatrix}3 & 4\\5 & -4\end{vmatrix}=-32;\quad A_{21}=(-1)^{2+1}\begin{vmatrix}2 & -1\\-4 & 1\end{vmatrix}=2;$$

$$A_{22}=(-1)^{2+2}\begin{vmatrix}1 & -1\\5 & 1\end{vmatrix}=6;\quad A_{23}=(-1)^{2+3}\begin{vmatrix}1 & 2\\5 & -4\end{vmatrix}=14;$$

$$A_{31}=(-1)^{3+1}\begin{vmatrix}2 & -1\\4 & -2\end{vmatrix}=0;\quad A_{32}=(-1)^{3+2}\begin{vmatrix}1 & -1\\3 & -2\end{vmatrix}=-1;$$

$$A_{33}=(-1)^{3+3}\begin{vmatrix}1 & 2\\3 & 4\end{vmatrix}=-2.$$

得
$$A^* = \begin{pmatrix} A_{11} & A_{21} & A_{31} \\ A_{12} & A_{22} & A_{32} \\ A_{13} & A_{23} & A_{33} \end{pmatrix} = \begin{pmatrix} -4 & 2 & 0 \\ -13 & 6 & -1 \\ -32 & 14 & -2 \end{pmatrix}$$

故

$$A^{-1} = \frac{1}{|A|}A^* = \frac{1}{2}\begin{pmatrix} -4 & 2 & 0 \\ -13 & 6 & -1 \\ -32 & 14 & -2 \end{pmatrix} = \begin{pmatrix} -2 & 1 & 0 \\ -\dfrac{13}{2} & 3 & -\dfrac{1}{2} \\ -16 & 7 & -1 \end{pmatrix}$$

定理 4　设 A、B 是可逆矩阵，$k \neq 0$，则以下等式成立：

（1）$(A^{-1})^{-1} = A$；　　（2）$(AB)^{-1} = B^{-1}A^{-1}$；

（3）$(A^{\mathrm{T}})^{-1} = (A^{-1})^{\mathrm{T}}$；　　（4）$(kA)^{-1} = \dfrac{1}{k}A^{-1}$.

例 4　设方阵 A 满足 $A^2 - 2A - 4E = O$，求 $(A+E)^{-1}$.

解　$A^2 - 2A - 4E = O \Rightarrow A^2 - 2A - 3E = E$
$$\Rightarrow (A+E)(A-3E) = E$$
$$\Rightarrow (A+E)^{-1} = (A-3E)$$

习　题　5.6

1. 设 A 是方阵，且满足 $A^2 + 2A = E$，证明 A 可逆，并计算 $A+E$ 的逆.
2. 试证下列对角阵是否可逆，并求出逆矩阵：
$$A = \begin{pmatrix} 2 & 0 & 0 \\ 0 & 4 & 0 \\ 0 & 0 & 1 \end{pmatrix}.$$
3. 求下列矩阵的逆矩阵：

（1）$\begin{pmatrix} a & b \\ c & d \end{pmatrix}$；　（2）$\begin{pmatrix} 1 & 2 & 3 \\ 4 & 5 & 8 \\ 3 & 4 & 6 \end{pmatrix}$；　（3）$\begin{pmatrix} 1 & 4 & 3 \\ -1 & -2 & 0 \\ 2 & 2 & 3 \end{pmatrix}$；　（4）$\begin{pmatrix} 1 & 1 & -1 \\ 2 & 1 & 0 \\ 1 & -1 & 0 \end{pmatrix}$.

5.7　矩阵的初等变换与矩阵的秩

5.7.1　矩阵的初等变换

矩阵的初等变换作为矩阵的一种基本运算，在解决线性方程组、求逆矩阵和矩阵理论的研究中具有重要作用.

定义 1 以下三种变换称为**初等变换**：

（1）**交换行（列）变换**：交换矩阵 $\boldsymbol{A}$ 中的第 i 行（列）和第 j 行（列），$i \neq j$，记作：$r_i \leftrightarrow r_j (c_i \leftrightarrow c_j)$；

（2）**倍乘行（列）变换**：以常数 k 乘以矩阵 $\boldsymbol{A}$ 中的第 i 行（列），$k \neq 0$，记作：$kr_i (kc_i)$；

（3）**加乘行（列）变换**：将矩阵 $\boldsymbol{A}$ 中的第 j 行（列）乘以 k 加到 $\boldsymbol{A}$ 中的第 i 行（列）上，记作：$r_i + kr_j (c_i + kc_j)$.

以上三种类型的初等变换中，对于行进行的变换称为初等行变换，对于列进行的变换称为初等列变换.

矩阵 $\boldsymbol{A}$ 经过有限次初等行变换变成矩阵 $\boldsymbol{B}$，这时，我们称矩阵 $\boldsymbol{A}$ 与矩阵 $\boldsymbol{B}$ 行等价；同理，矩阵 $\boldsymbol{A}$ 经过有限次初等列变换变成矩阵 $\boldsymbol{B}$，这时，我们称矩阵 $\boldsymbol{A}$ 与矩阵 $\boldsymbol{B}$ 列等价.

定义 2 若矩阵 $\boldsymbol{A}$ 经过有限次初等变换变成矩阵 $\boldsymbol{B}$，则称矩阵 $\boldsymbol{A}$ 与矩阵 $\boldsymbol{B}$ 等价，记作：$\boldsymbol{A} \sim \boldsymbol{B}$.

矩阵的等价关系有如下性质：

（1）自反性：$\boldsymbol{A} \sim \boldsymbol{A}$；

（2）对称性：若 $\boldsymbol{A} \sim \boldsymbol{B}$，则 $\boldsymbol{B} \sim \boldsymbol{A}$；

（3）传递性：若 $\boldsymbol{A} \sim \boldsymbol{B}, \boldsymbol{B} \sim \boldsymbol{C}$，则 $\boldsymbol{A} \sim \boldsymbol{C}$.

初等变换可以将矩阵化为以下几种形式：

（1）行阶梯形矩阵：

形如 $\boldsymbol{B}_1$ 的矩阵称为行阶梯形矩阵，是对矩阵进行初等变换得到的.行阶梯形矩阵的特点是：可划出一条阶梯形曲线，线的下方全为零，每个台阶只有一行，台阶数是非零行的行数，每个台阶的第一个非零元素称为首元素.

$$\boldsymbol{A} \overset{\text{行}}{\sim} \begin{pmatrix} 1 & 1 & 2 & 3 & 5 \\ 0 & 1 & 3 & 1 & 0 \\ 0 & 0 & 2 & 3 & 2 \\ 0 & 0 & 0 & 0 & 0 \end{pmatrix} = \boldsymbol{B}_1$$

（2）简化行阶梯形矩阵：

形如 $\boldsymbol{B}_2$ 的矩阵称为简化行阶梯形矩阵，是通过对行阶梯形矩阵继续实行初等行变换得到的.简化行阶梯形矩阵的特点是：在阶梯形的基础上，非零行的首元素为 1，且这些首元素所在的列其他元素都为零.

$$\boldsymbol{A} \overset{\text{行}}{\sim} \boldsymbol{B}_1 \overset{\text{行}}{\sim} \begin{pmatrix} 1 & 0 & 3 & 0 & 5 \\ 0 & 1 & 0 & 0 & 2 \\ 0 & 0 & 0 & 1 & 2 \\ 0 & 0 & 0 & 0 & 0 \end{pmatrix} = \boldsymbol{B}_2$$

（3）标准形矩阵：

形如 $\boldsymbol{B}_3$ 的矩阵称为标准形矩阵，是通过对行最简形施行行变换得到的. 标准形矩阵的特点是：左上角是一个单位矩阵，其余元素全为零.

$$A \overset{行}{\sim} B_1 \overset{行}{\sim} B_2 \overset{列}{\sim} \begin{pmatrix} 1 & 0 & 0 & 0 & 0 \\ 0 & 1 & 0 & 0 & 0 \\ 0 & 0 & 1 & 0 & 0 \\ 0 & 0 & 0 & 0 & 0 \end{pmatrix} = B_3$$

一个矩阵可以只通过行变换变为行阶梯形矩阵.不同的变换过程可能得到不同的行阶梯形矩阵，但对于简化行阶梯形矩阵，则有：

定理 1 每一个矩阵等价于唯一的简化行阶梯形矩阵.

定理 2 每一个矩阵等价于唯一的等价标准形矩阵.

下面将给出将一个矩阵化为行阶梯形矩阵、简化行阶梯形矩阵、等价标准形矩阵的基本步骤：

（1）行阶梯形矩阵的计算步骤：

① 从矩阵最左边的非零列开始，将其作为主元列.若需要，通过交换行变换，使得首元列首行元素不为 0；

② 利用加乘行变换将该主元列中主元以下的元素均变为 0；

③ 除第一行元素及该主元列左边的元素外，对剩余子矩阵重复以上两个步骤，直到没有非零行为止.

（2）简化行阶梯形矩阵的计算步骤：（续上）

① 从阶梯形矩阵最右边的主元列开始，利用加乘行变换，依次将主元以上的元素变为 0；

② 利用倍乘行变换将每一个主元变为 1.

（3）等价标准形矩阵的计算步骤：（续上）

① 将主元列依次交换到矩阵最左边，使得左上角构成单位阵；

② 利用加乘列变换将非主元列的所有元素变为 0.

例 1 利用初等变换将下列矩阵变为行阶梯形矩阵、简化行阶梯形矩阵、等价标准形矩阵：

$$A = \begin{pmatrix} 0 & 3 & -6 & 6 & 4 & -5 \\ 3 & -7 & 8 & -5 & 8 & 9 \\ 3 & -9 & 12 & -9 & 6 & 15 \end{pmatrix}.$$

解 （1）从最左列开始将其视为主元列，因为该列第一个元素为 0，故交换 1、3 两行的位置得

$$A \sim \begin{pmatrix} 3 & -9 & 12 & -9 & 6 & 15 \\ 3 & -7 & 8 & -5 & 8 & 9 \\ 0 & 3 & -6 & 6 & 4 & -5 \end{pmatrix}$$

（2）将第一行的 3 作为主元，利用加乘变换 $r_2 + (-1)r_1$，将主元下方的元素变为 0，得

$$\begin{pmatrix} 3 & -9 & 12 & -9 & 6 & 15 \\ 0 & 2 & -4 & 4 & 2 & -6 \\ 0 & 3 & -6 & 6 & 4 & -5 \end{pmatrix}.$$

（3）除第一行和第一列外，对剩余的子矩阵重复上述两个步骤，得

$$\begin{pmatrix} 3 & -9 & 12 & -9 & 6 & 15 \\ 0 & 2 & -4 & 4 & 2 & -6 \\ 0 & 0 & 0 & 0 & 1 & 4 \end{pmatrix} = \boldsymbol{B}_1$$

通过上述步骤，得到矩阵 $\boldsymbol{A}$ 的行阶梯形矩阵 $\boldsymbol{B}_1$. 在不同的变换过程中，一个矩阵的行阶梯形矩阵形式可能不唯一.

（4）上述得到的行阶梯形矩阵共有三个主元列，分别为：第 1、2、5 列，从右到左，先从第 5 列开始依次将主元列中非主元位置的元素化为 0，利用加乘行变换，分别实施 $r_2+(-2)r_3, r_1+(-6)r_3$，再对第 2 行实施 $r_1+\frac{9}{2}r_2$，得

$$\begin{pmatrix} 3 & 0 & -6 & 9 & 0 & -72 \\ 0 & 2 & -4 & 4 & 0 & -14 \\ 0 & 0 & 0 & 0 & 1 & 4 \end{pmatrix}.$$

（5）将上述矩阵中的主元，通过倍乘行变换变为 1，分别实施 $\frac{1}{3}r_1, \frac{1}{2}r_2$，得

$$\begin{pmatrix} 1 & 0 & -2 & 3 & 0 & -24 \\ 0 & 1 & -2 & 2 & 0 & -7 \\ 0 & 0 & 0 & 0 & 1 & 4 \end{pmatrix} = \boldsymbol{B}_2$$

上述所得矩阵为矩阵 $\boldsymbol{A}$ 的简化行阶梯形矩阵，由定理知，该形式是唯一的.

（6）将所有主元列通过列变换移至矩阵左边，得

$$\begin{pmatrix} 1 & 0 & 0 & 3 & -2 & -24 \\ 0 & 1 & 0 & 2 & -2 & -7 \\ 0 & 0 & 1 & 0 & 0 & 4 \end{pmatrix}.$$

（7）利用加乘列变换，将非主元列的所有元素变为 0，得

$$\begin{pmatrix} 1 & 0 & 0 & 0 & 0 & 0 \\ 0 & 1 & 0 & 0 & 0 & 0 \\ 0 & 0 & 1 & 0 & 0 & 0 \end{pmatrix} = \boldsymbol{B}_3$$

上述矩阵即为矩阵 $\boldsymbol{A}$ 的等价标准形矩阵.

定理 3 n 阶矩阵 $\boldsymbol{A}$ 可逆的充分必要条件是 $\boldsymbol{A}$ 可以表示为有限个初等矩阵的乘积.

推论 1 方阵 $\boldsymbol{A}$ 可逆的充分必要条件是 $\boldsymbol{A} \sim \boldsymbol{E}$.

例 2 已知矩阵 $\boldsymbol{A}=\begin{pmatrix} 1 & 2 & 3 \\ 2 & 1 & 2 \\ 1 & 3 & 4 \end{pmatrix}$，求 $\boldsymbol{A}^{-1}$.

解 $(\boldsymbol{A}\,|\,\boldsymbol{E})=\begin{pmatrix} 1 & 2 & 3 & 1 & 0 & 0 \\ 2 & 1 & 2 & 0 & 1 & 0 \\ 1 & 3 & 4 & 0 & 0 & 1 \end{pmatrix} \underset{r_3-r_1}{\overset{r_2-2r_1}{\sim}} \begin{pmatrix} 1 & 2 & 3 & 1 & 0 & 0 \\ 0 & -3 & -4 & -2 & 1 & 0 \\ 0 & 1 & 1 & -1 & 0 & 1 \end{pmatrix} \overset{r_2 \leftrightarrow r_3}{\sim}$

$$\begin{pmatrix}1&2&3&1&0&0\\0&1&1&-1&0&1\\0&-3&-4&-2&1&0\end{pmatrix}\underset{r_3+3r_2}{\overset{r_1-2r_2}{\sim}}\begin{pmatrix}1&0&1&3&0&-2\\0&1&1&-1&0&1\\0&0&-1&-5&1&3\end{pmatrix}\underset{r_1+r_3}{\overset{r_2+r_3}{\sim}}$$

$$\begin{pmatrix}1&0&0&-2&1&1\\0&1&0&-6&1&4\\0&0&-1&-5&1&3\end{pmatrix}\overset{(-1)r_3}{\sim}\begin{pmatrix}1&0&0&-2&1&1\\0&1&0&-6&1&4\\0&0&1&5&-1&-3\end{pmatrix}$$

故

$$\boldsymbol{A}^{-1}=\begin{pmatrix}-2&1&1\\-6&1&4\\5&-1&-3\end{pmatrix}$$

5.7.2　矩阵的秩

定义 3　在 $m\times n$ 矩阵 $\boldsymbol{A}$ 中，任意选取 k 行与 k 列，这 k^2 个元素按照原来的位置构成的 k 阶行列式，称为 $\boldsymbol{A}$ 的一个 k 阶子式，记作 D_k .

定义 4　在矩阵 $\boldsymbol{A}_{m\times n}$ 中，若有某个 k 阶子式 $D_k\neq 0$，且所有的 $k+1$ 阶子式 $D_{k+1}=0$，则称矩阵 $\boldsymbol{A}$ 的**秩**为 k，记作 $r(\boldsymbol{A})=k$，特别地，$r(\boldsymbol{O})=0$.

定理 4　矩阵 $\boldsymbol{A}_{m\times n}$ 的秩有如下性质：

（1）$0\leqslant r(\boldsymbol{A})\leqslant \min(m,n)$；

（2）$r(\boldsymbol{A})=r(\boldsymbol{A}^{\mathrm{T}})$；

（3）$r(\boldsymbol{A})\leqslant r(\boldsymbol{A},\boldsymbol{B})$,其中 $(\boldsymbol{A},\boldsymbol{B})$ 表示将矩阵 $\boldsymbol{B}$ 置于矩阵 $\boldsymbol{A}$ 后得到的矩阵；

（4）$\max\{r(\boldsymbol{A}),r(\boldsymbol{B})\}\leqslant r(\boldsymbol{A},\boldsymbol{B})\leqslant r(\boldsymbol{A})+r(\boldsymbol{B})$；

（5）若矩阵 $\boldsymbol{A}$、$\boldsymbol{C}$ 可作乘法交换，则 $r(\boldsymbol{AC})\leqslant \max\{r(\boldsymbol{A}),r(\boldsymbol{C})\}$.

例 3　求以下矩阵的秩：

$$\boldsymbol{A}=\begin{pmatrix}2&-3&8\\2&12&-2\\1&3&1\end{pmatrix};\quad \boldsymbol{B}=\begin{pmatrix}-1&2&3&0&7\\0&4&1&5&0\\0&0&0&6&-2\\0&0&0&0&0\end{pmatrix}.$$

解　矩阵 $\boldsymbol{A}$ 中，位于第 1、2 行和第 1、2 列处的一个 2 阶子式

$$D_2=\begin{vmatrix}2&-3\\2&12\end{vmatrix}=30\neq 0$$

而三阶子式只有一个 $D_3=|\boldsymbol{A}|=0$，故 $r(\boldsymbol{A})=2$.

矩阵 $\boldsymbol{B}$ 中，位于第 1、2、3 行和第 1、2、4 列处的一个 3 阶子式

$$D_3=\begin{vmatrix}-1&2&0\\0&4&5\\0&0&6\end{vmatrix}=-24\neq 0$$

而非零行只有 3 行，所以 4 阶子式全为 0，故 $r(\boldsymbol{B})=3$.

由上列可以看出，对于行列数比较大的矩阵，用定义来求矩阵的秩工作量比较大，故引

入下列方法来求矩阵的秩.

由定理 5.7.1 知，每一个矩阵 $\boldsymbol{A}_{m\times n}$ 等价于唯一的等价标准形. 其等价标准形如下：

$$\begin{pmatrix} \boldsymbol{E}_k & \boldsymbol{O}_{k\times(n-k)} \\ \boldsymbol{O}_{(m-k)\times k} & \boldsymbol{O}_{(m-k)\times(n-k)} \end{pmatrix}$$

其左上角单位矩阵的阶 k 也由给定的矩阵唯一确定.对于 k，我们引入以下定义.

定义 5　设 $\boldsymbol{A}$ 是 $m\times n$ 型矩阵，且

$$\boldsymbol{A}\sim\begin{pmatrix} \boldsymbol{E}_k & \boldsymbol{O}_{k\times(n-k)} \\ \boldsymbol{O}_{(m-k)\times k} & \boldsymbol{O}_{(m-k)\times(n-k)} \end{pmatrix}$$

则称 k 为矩阵 $\boldsymbol{A}$ 的**秩**，记为 $r(\boldsymbol{A})$.

根据定义，显然有：$0\leqslant r(A)\leqslant \min(m,n)$，且有以下推论：

推论 2　设 $\boldsymbol{A}$ 是一个矩阵，若 $r(\boldsymbol{A})=0$，则当且仅当 $\boldsymbol{A}=\boldsymbol{O}$.

推论 3　矩阵 $\boldsymbol{A}$ 的秩等于 $\boldsymbol{A}$ 的等价行阶梯形矩阵中非零行的行数.

定理 5　若矩阵 $\boldsymbol{A}_{m\times n}\sim\boldsymbol{B}_{m\times n}$，则 $r(\boldsymbol{A})=r(\boldsymbol{B})$.

例 4　求矩阵的秩：

$$\boldsymbol{A}=\begin{pmatrix} 1 & -1 & 3 & -4 & 3 \\ 3 & -3 & 5 & -4 & 1 \\ 2 & -2 & 3 & -2 & 0 \\ 3 & -3 & 4 & -2 & -1 \end{pmatrix}.$$

解　对矩阵 $\boldsymbol{A}$ 进行初等行变换得

$$\boldsymbol{A}=\begin{pmatrix} 1 & -1 & 3 & -4 & 3 \\ 3 & -3 & 5 & -4 & 1 \\ 2 & -2 & 3 & -2 & 0 \\ 3 & -3 & 4 & -2 & -1 \end{pmatrix}\overset{\substack{r_2-3r_1\\ r_3-2r_1\\ r_4-3r_1}}{\sim}\begin{pmatrix} 1 & -1 & 3 & -4 & 3 \\ 0 & 0 & -4 & 8 & -8 \\ 0 & 0 & -3 & 6 & -6 \\ 0 & 0 & -5 & 10 & -10 \end{pmatrix}\overset{\substack{-\frac{1}{4}r_2\\ -\frac{1}{3}r_3\\ -\frac{1}{5}r_5}}{\sim}$$

$$\begin{pmatrix} 1 & -1 & 3 & -4 & 3 \\ 0 & 0 & 1 & -2 & 2 \\ 0 & 0 & 1 & -2 & 2 \\ 0 & 0 & 1 & -2 & 2 \end{pmatrix}\overset{\substack{r_1-3r_2\\ r_3-r_2\\ r_4-r_2}}{\sim}\begin{pmatrix} 1 & -1 & 0 & 2 & -3 \\ 0 & 0 & 1 & -2 & 2 \\ 0 & 0 & 0 & 0 & 0 \\ 0 & 0 & 0 & 0 & 0 \end{pmatrix}$$

故 $r(\boldsymbol{A})=2$.

习　题　5.7

1. 用初等变换把矩阵 $\boldsymbol{A}=\begin{pmatrix} 1 & 0 & 2 & -1 \\ 2 & 0 & 3 & 1 \\ 3 & 0 & 4 & -3 \end{pmatrix}$ 化为行阶梯形、简化行阶梯形、等价标准形矩阵.

2. 用初等变换法求矩阵的逆：

（1）$\begin{pmatrix} 1 & 2 & 3 \\ 4 & 5 & 8 \\ 3 & 4 & 6 \end{pmatrix}$；　　（2）$\begin{pmatrix} 1 & 1 & -1 \\ 2 & 1 & 0 \\ 1 & -1 & 0 \end{pmatrix}$；

（3）$\begin{pmatrix} 1 & 1 & 1 & 1 \\ 1 & 1 & -1 & -1 \\ 1 & -1 & 1 & -1 \\ 1 & -1 & -1 & 1 \end{pmatrix}$.

3. 计算下列矩阵的秩：

（1）$\begin{pmatrix} 1 & 1 \\ 2 & 2 \end{pmatrix}$；　　（2）$\begin{pmatrix} 2 & 4 & 8 \\ 1 & 2 & 1 \end{pmatrix}$；

（3）$\begin{pmatrix} 1 & 2 & 4 & 1 \\ 2 & 4 & 8 & 2 \\ 3 & 6 & 2 & 0 \end{pmatrix}$；　　（4）$\begin{pmatrix} 1 & 1 & 0 & 0 & 1 \\ 2 & 1 & 1 & 0 & 0 \\ -4 & 1 & -1 & 1 & 1 \\ -2 & 2 & 0 & 1 & 1 \end{pmatrix}$.

4. 对于矩阵$\begin{pmatrix} 1 & 2 & 3 & 2 \\ 3 & 6 & 9 & 6 \\ 4 & 8 & 12 & k \end{pmatrix}$，问：$k$ 为何值时，矩阵的秩等于：

（1）$r=1$；　（2）$r=2$；　（3）$r=3$.

5.8　线性方程组的解

5.8.1　齐次线性方程组的解

根据线性方程组中常数项的取值，可将线性方程组分为齐次线性方程组和非齐次线性方程组.根据 5.4 节可知，线性方程组的形式如下：

$$\begin{cases} a_{11}x_1 + a_{12}x_2 + \cdots + a_{1n}x_n = b_1, \\ a_{21}x_1 + a_{22}x_2 + \cdots + a_{2n}x_n = b_2, \\ \cdots, \\ a_{m1}x_1 + a_{m2}x_2 + \cdots + a_{mn}x_n = b_m. \end{cases} \tag{5–16}$$

若方程组中的常数项 $b_i (i=1, 2, \cdots, m)$ 全为 0，则称其为**齐次线性方程组**.即：

$$\begin{cases} a_{11}x_1 + a_{12}x_2 + \cdots + a_{1n}x_n = 0, \\ a_{21}x_1 + a_{22}x_2 + \cdots + a_{2n}x_n = 0, \\ \cdots, \\ a_{m1}x_1 + a_{m2}x_2 + \cdots + a_{mn}x_n = 0. \end{cases} \tag{5–17}$$

简写为：$\boldsymbol{AX} = \boldsymbol{O}$.

显然，对于齐次线性方程组，$x_i = 0, i = 1, 2, \cdots, n$ 总是它的解（**零解**），因此，我们会考虑到以下三个问题：

（1）齐次线性方程组有没有非零解？若有，什么情况下会有？

（2）当齐次线性方程组有非零解时，解是否唯一？

（3）当齐次线性方程组有非零解时，应如何求解？

定理 1 齐次线性方程组（5–17）有非零解的充分必要条件是：$r(\boldsymbol{A})<n$.（其中 n 为未知量个数）

由定理 1，显然有以下推论：

推论 1 齐次线性方程组（5–17）只有零解的充分必要条件是：$r(\boldsymbol{A})=n$.

特别地，当齐次线性方程组的系数矩阵为方阵时，有如下推论：

推论 2 若齐次线性方程组的系数矩阵 $\boldsymbol{A}$ 为方阵，方程组有解的充分必要条件为 $\det\boldsymbol{A}\neq 0$.

推论 3 若齐次线性方程组的系数矩阵为方阵，则下列结论等价：

（1）方程组有非零解；（2）$r<r(\boldsymbol{A})$；

（3）$\det\boldsymbol{A}=0$；（4）$\boldsymbol{A}$ 不可逆.

例 1 设齐次线性方程组如下，若方程组有非零解，求 a 的值.

$$\begin{cases}(5-a)x_1+2x_2+2x_3=0,\\2x_1+(6-a)x_2=0,\\2x_1+(4-a)x_3=0.\end{cases}$$

解 方程组的系数矩阵为

$$\boldsymbol{A}=\begin{pmatrix}5-a & 2 & 2\\2 & 6-a & 0\\2 & 0 & 4-a\end{pmatrix}$$

由推论知，若方程组有非零解，则 $\det\boldsymbol{A}=0$，即

$$|\boldsymbol{A}|=\begin{vmatrix}5-a & 2 & 2\\2 & 6-a & 0\\2 & 0 & 4-a\end{vmatrix}=(5-a)(2-a)(8-a)=0$$

故 $a=2,5,8$ 时，方程组有非零解.

下面解决第 2 个问题.

定理 2 若 $\boldsymbol{X}_1$ 是齐次线性方程组（5–17）的一个非零解，则对于任意的常数 k，$k\boldsymbol{X}_1$ 也是方程组的解.

定理 3 若 $\boldsymbol{X}_1$、$\boldsymbol{X}_2$ 是齐次线性方程组（5–17）的非零解，则 $\boldsymbol{X}_1+\boldsymbol{X}_2$ 也是方程组的解.

推论 4 若 $\boldsymbol{X}_1,\boldsymbol{X}_2,\cdots,\boldsymbol{X}_l$ 是齐次线性方程组（5–17）的非零解，则对于任意的常数 $k_1,k_2,\cdots,k_l$，$k_1\boldsymbol{X}_1+k_2\boldsymbol{X}_2+\cdots+k_l\boldsymbol{X}_l$ 也是方程组的解.

方程组的所有解，统称为方程组的**通解**.

以下为第 3 个问题，齐次线性方程组的求解步骤：

（1）将系数矩阵通过初等行变换化为简化行阶梯形矩阵；

（2）根据简化行阶梯形矩阵，写出对应方程组，并利用方程组将基本变量用自由变量表

示出来；

（3）对自由变量赋予任意值，计算出基本变量的值，由此得到方程组的解.

例 2　求解下列齐次线性方程组的解：

$$\begin{cases} x_1 - x_2 - x_3 + x_4 = 0, \\ x_1 - x_2 + 2x_3 + 2x_4 = 0, \\ 3x_1 - 3x_2 + 4x_4 = 0. \end{cases}$$

解　方程组的系数矩阵为

$$\boldsymbol{A} = \begin{pmatrix} 1 & -1 & -1 & 1 \\ 1 & -1 & 2 & 2 \\ 3 & -3 & 0 & 4 \end{pmatrix}$$

将系数矩阵通过初等行变换化为简化行阶梯形矩阵，得

$$\boldsymbol{A} \sim \begin{pmatrix} 1 & -1 & 0 & \frac{4}{3} \\ 0 & 0 & 1 & \frac{1}{3} \\ 0 & 0 & 0 & 0 \end{pmatrix}$$

（在简化行阶梯形矩阵中，主元列所对应的变量为**基本变量**，非主元列对应的变量为**自由变量**），故基本变量为：x_1、x_3，自由变量为：x_2、x_4，且有

$$\begin{cases} x_1 - x_2 + \frac{4}{3}x_4 = 0, \\ x_3 + \frac{1}{3}x_4 = 0 \end{cases} \Rightarrow \begin{cases} x_1 = x_2 - \frac{4}{3}x_4, \\ x_3 = -\frac{1}{3}x_4. \end{cases}$$

令 $x_2 = k_1, x_4 = k_2$（其中 k_1、k_2 为任意数），得

$$x_1 = k_1 - \frac{4}{3}k_2, x_2 = k_1, x_3 = -\frac{1}{3}k_2, x_4 = k_2$$

即

$$\boldsymbol{X} = \begin{pmatrix} k_1 - \frac{4}{3}k_2 \\ k_1 \\ -\frac{1}{3}k_2 \\ k_2 \end{pmatrix} = k_1 \begin{pmatrix} 1 \\ 1 \\ 0 \\ 0 \end{pmatrix} + k_2 \begin{pmatrix} -\frac{4}{3} \\ 0 \\ -\frac{1}{3} \\ 1 \end{pmatrix}$$

令 $\boldsymbol{\xi}_1 = \begin{pmatrix} 1 \\ 1 \\ 0 \\ 0 \end{pmatrix}, \boldsymbol{\xi}_2 = \begin{pmatrix} -\frac{4}{3} \\ 0 \\ -\frac{1}{3} \\ 1 \end{pmatrix}$ 称为齐次线性方程组的**基础解系**，则有

$$X = k_1\boldsymbol{\xi}_1 + k_2\boldsymbol{\xi}_2$$

5.8.2 非齐次线性方程组的解

若线性方程组（5–16）中的常数项 $b_i(i=1,2,\cdots,m)$ 不全为 0，则称其为非齐次线性方程组，即

$$\boldsymbol{AX}=\boldsymbol{b}, \boldsymbol{b}\neq\boldsymbol{O}$$

若将常数项作为列向量添加到系数矩阵中，得到的矩阵 $(\boldsymbol{A},\boldsymbol{b})$ 称为**增广矩阵**，即

$$(\boldsymbol{A},\boldsymbol{b})=\begin{pmatrix} a_{11} & \cdots & a_{1n} & b_1 \\ a_{21} & \cdots & a_{2n} & b_2 \\ \vdots & & & \vdots \\ a_{m1} & \cdots & a_{mn} & b_m \end{pmatrix}$$

定理 5 非齐次线性方程组（5–16）有解的充分必要条件是

$$r(\boldsymbol{A})=r(\boldsymbol{A},\boldsymbol{b})$$

推论 5 若 $\boldsymbol{X}_1$、$\boldsymbol{X}_2$ 是 $\boldsymbol{AX}=\boldsymbol{b}$ 解，则 $\boldsymbol{X}=\boldsymbol{X}_1-\boldsymbol{X}_2$ 是对应的齐次线性方程组 $\boldsymbol{AX}=\boldsymbol{O}$ 的解.

推论 6 若 $\boldsymbol{X}=\boldsymbol{\eta}$ 是 $\boldsymbol{AX}=\boldsymbol{b}$ 解，$\boldsymbol{X}=\boldsymbol{\xi}$ 是对应的齐次线性方程组 $\boldsymbol{AX}=\boldsymbol{O}$ 的解，则 $\boldsymbol{X}=\boldsymbol{\xi}+\boldsymbol{\eta}$ 是 $\boldsymbol{AX}=\boldsymbol{b}$ 的解（即非线性方程组的通解可由其自身的任意特解加上对应的齐次线性方程组的通解求得）.

例 3 求下列线性方程组的解：

$$\begin{cases} x_1 - x_2 + x_3 - x_4 = 1, \\ x_1 - x_2 - x_3 + x_4 = 0, \\ 2x_1 - 2x_2 - 4x_3 + 4x_4 = -1. \end{cases}$$

解 对增广矩阵 $\boldsymbol{B}$ 实行初等变换

$$\boldsymbol{B}=(\boldsymbol{A},\boldsymbol{b})=\begin{pmatrix} 1 & -1 & 1 & -1 & 1 \\ 1 & -1 & -1 & 1 & 0 \\ 2 & -2 & -4 & 4 & -1 \end{pmatrix} \underset{r_3-2r_1}{\overset{r_2-r_1}{\sim}} \begin{pmatrix} 1 & -1 & 1 & -1 & 1 \\ 0 & 0 & -2 & 2 & -1 \\ 0 & 0 & -6 & 6 & -3 \end{pmatrix} \overset{r_3-3r_2}{\sim}$$

$$\begin{pmatrix} 1 & -1 & 1 & -1 & 1 \\ 0 & 0 & -2 & 2 & -1 \\ 0 & 0 & 0 & 0 & 0 \end{pmatrix} \overset{-\frac{1}{2}r_2}{\sim} \begin{pmatrix} 1 & -1 & 1 & -1 & 1 \\ 0 & 0 & 1 & -1 & \frac{1}{2} \\ 0 & 0 & 0 & 0 & 0 \end{pmatrix} \overset{r_1-r_2}{\sim}$$

$$\begin{pmatrix} 1 & -1 & 0 & 0 & \frac{1}{2} \\ 0 & 0 & 1 & -1 & \frac{1}{2} \\ 0 & 0 & 0 & 0 & 0 \end{pmatrix}$$

可知 $r(\boldsymbol{B})=r(\boldsymbol{A})$，且

$$\begin{cases} x_1 = x_2 + \dfrac{1}{2}, \\ x_3 = x_4 + \dfrac{1}{2}. \end{cases}$$

若取 $x_2 = x_4 = 0$，则得方程组的一个特解

$$\boldsymbol{\eta} = \begin{pmatrix} \dfrac{1}{2} & 0 & \dfrac{1}{2} & 0 \end{pmatrix}^{\mathrm{T}}$$

在对应齐次方程组$\begin{cases} x_1 = x_2, \\ x_3 = x_4 \end{cases}$中，取$\begin{pmatrix} x_2 \\ x_4 \end{pmatrix} = \begin{pmatrix} 1 \\ 0 \end{pmatrix}$或$\begin{pmatrix} 0 \\ 1 \end{pmatrix}$，则$\begin{pmatrix} x_1 \\ x_3 \end{pmatrix} = \begin{pmatrix} 1 \\ 0 \end{pmatrix}$或$\begin{pmatrix} 0 \\ 1 \end{pmatrix}$.

即得对应齐次方程组的一个基础解系

$$\boldsymbol{\xi}_1 = (1 \quad 1 \quad 0 \quad 0)^{\mathrm{T}}, \boldsymbol{\xi}_2 = (0 \quad 0 \quad 1 \quad 1)^{\mathrm{T}}$$

故非齐次线性方程组的通解为

$$\begin{pmatrix} x_1 \\ x_2 \\ x_3 \\ x_4 \end{pmatrix} = c_1 \begin{pmatrix} 1 \\ 1 \\ 0 \\ 0 \end{pmatrix} + c_1 \begin{pmatrix} 0 \\ 0 \\ 1 \\ 1 \end{pmatrix} + \begin{pmatrix} \dfrac{1}{2} \\ 0 \\ \dfrac{1}{2} \\ 0 \end{pmatrix}$$

习　题　5.8

1. 判断下列方程组是否有解？若有解，是唯一解还是无穷多解？

（1）$\begin{cases} x_1 - x_2 + x_3 = 1, \\ x_2 + 3x_3 = 0, \\ 2x_1 + x_2 + 12x_3 = 0; \end{cases}$　　（2）$\begin{cases} x_1 - x_2 + 3x_3 - x_4 = 1, \\ 2x_1 - x_2 - x_3 + 4x_4 = 2, \\ 3x_1 - 2x_2 + 2x_3 + 3x_4 = 3, \\ x_1 - 4x_3 + 5x_4 = -1. \end{cases}$

2. 问 a、b 取何值时，下列方程组无解？有唯一解？有无穷多解？

$$\begin{cases} x_1 + 2x_3 = -1, \\ -x_1 + x_2 - 3x_3 = 2, \\ 2x_1 - x_2 + ax_3 = b. \end{cases}$$

3. 求齐次方程组的解：

（1）$\begin{cases} x_1 + 2x_2 + 2x_3 + x_4 = 0, \\ 2x_1 + x_2 - 2x_3 - 2x_4 = 0, \\ x_1 - x_2 - 4x_3 - 3x_4 = 0; \end{cases}$　　（2）$\begin{cases} x_1 + 2x_2 + 5x_3 = 0, \\ x_1 + 3x_2 - 2x_3 = 0, \\ 3x_1 + 7x_2 + 8x_3 = 0, \\ x_1 + 4x_2 - 9x_3 = 0. \end{cases}$

4. 求下列非齐次线性方程组的通解：

$$\begin{cases} x_1+x_2+x_3+x_4+x_5=7, \\ 3x_1+x_2+2x_3+x_4-3x_5=-2, \\ 2x_2+x_3+2x_4+6x_5=23, \\ 5x_1+3x_2+4x_3+3x_4-x_5=12. \end{cases}$$

复习题五

1. 计算下列行列式：

（1）$\begin{vmatrix} 2 & 3 & 4 \\ 0 & 5 & 6 \\ 0 & 0 & 1 \end{vmatrix}$；（2）$\begin{vmatrix} 1 & -2 & 3 \\ 7 & -8 & 9 \\ 4 & -5 & 6 \end{vmatrix}$；（3）$\begin{vmatrix} 2 & -3 & 1 & 0 \\ 4 & -1 & 6 & 2 \\ 0 & 4 & 0 & 1 \\ 0 & 1 & -1 & 0 \end{vmatrix}$；（4）$\begin{vmatrix} 1 & 2 & 3 & 4 \\ 4 & 3 & 2 & 1 \\ 0 & 1 & 0 & -1 \\ 3 & 2 & 4 & 1 \end{vmatrix}$.

2. 求下列行列式第 4 行各元素的余子式之和：

$$D=\begin{vmatrix} 3 & 0 & 4 & 0 \\ 2 & 2 & 2 & 2 \\ 0 & -7 & 0 & 0 \\ 5 & 3 & -2 & 2 \end{vmatrix}.$$

3. 设 $f(x)=\begin{vmatrix} 0 & 4 & 2-x \\ 2 & 3-x & 1 \\ 1-x & 2 & 3 \end{vmatrix}$，求方程 $f(x)=0$ 的实根.

4. 用克拉默法则解下列方程组：

（1）$\begin{cases} 5x_1+6x_2=1, \\ x_1+5x_2+6x_3=0, \\ x_2+5x_3+6x_4=0, \\ x_3+5x_4+6x_5=0, \\ x_4+5x_5=1; \end{cases}$

（2）$\begin{cases} 2x_1-9x_2-x_3=4, \\ 2x_1+4x_2-2x_3=11, \\ 3x_1-2x_2+4x_3=11; \end{cases}$

（3）$\begin{cases} x_1+x_2+x_3+x_4=a, \\ x_1+x_2+x_3-x_4=b, \\ x_1+x_2-x_3-x_4=c, \\ x_1-x_2-x_3-x_4=c. \end{cases}$

5. 已知 $\boldsymbol{A}=\begin{pmatrix} 3 & 6 & 2 \\ 2 & 4 & 7 \\ -1 & 2 & 5 \end{pmatrix}$，求 $\boldsymbol{A}+\boldsymbol{A}^{\mathrm{T}}, \boldsymbol{A}-\boldsymbol{A}^{\mathrm{T}}$.

6. 已知 $\boldsymbol{A}=\begin{pmatrix}3&1&1\\2&1&2\\1&2&3\end{pmatrix}$, $\boldsymbol{B}=\begin{pmatrix}1&1&-1\\2&-1&0\\1&0&1\end{pmatrix}$，求 $\boldsymbol{AB}-\boldsymbol{BA}$.

7. 求下列矩阵的逆矩阵：

（1）$\begin{pmatrix}2&5\\1&3\end{pmatrix}$；　（2）$\begin{pmatrix}1&2&-3\\0&1&2\\0&0&1\end{pmatrix}$；

（3）$\begin{pmatrix}2&-4&1\\1&-5&2\\1&-1&1\end{pmatrix}$；　（4）$\begin{pmatrix}1&2&-1\\3&4&-2\\5&-4&1\end{pmatrix}$；

（5）$\begin{pmatrix}a&0&0&0\\0&b&0&0\\0&0&c&0\\0&0&0&d\end{pmatrix}$；　（6）$\begin{pmatrix}3&-2&0&-1\\0&2&2&1\\1&-2&-3&-2\\0&1&2&1\end{pmatrix}$.

8. 求下列矩阵的秩：

（1）$\begin{pmatrix}3&1&0&2\\1&-1&2&-1\\1&3&-4&4\end{pmatrix}$；（2）$\begin{pmatrix}3&-7&6&1&5\\1&2&4&-1&3\\-1&1&-10&5&-7\\4&-11&-2&8&0\end{pmatrix}$；（3）$\begin{pmatrix}1&-1&2&3&4\\3&-7&8&9&13\\-1&-3&0&-3&-3\\1&-9&6&3&6\end{pmatrix}$.

9. 判断下列方程组解的情况：

（1）$\begin{cases}2x_1-x_2+3x_3=1,\\2x_1+x_2+x_3=5,\\4x_1+x_2+2x_3=5;\end{cases}$　（2）$\begin{cases}x_1+2x_2-x_3=0,\\2x_1-3x_2+x_3=0,\\4x_1+x_2-x_3=0.\end{cases}$

10. 解下列线性方程组：

（1）$\begin{cases}x_1-x_2+x_3+x_4=0,\\x_1-x_2+x_3-3x_4=0,\\x_1-x_2-2x_3+3x_4=0;\end{cases}$　（2）$\begin{cases}3x_1+5x_2+x_3-2x_4=0,\\2x_1+3x_2-5x_3+x_4=0,\\-x_1+7x_2-4x_3+3x_4=0,\\4x_1+15x_2-7x_3+9x_4=0;\end{cases}$

（3）$\begin{cases}5x_1+x_2+2x_3=2,\\2x_1+x_2+x_3=4,\\9x_1+2x_2+x_3=3;\end{cases}$　（4）$\begin{cases}2x_1-3x_2+x_3+5x_4=6,\\-3x_1+x_2+2x_3-4x_4=5,\\-x_1-2x_2+3x_3+x_4=11.\end{cases}$

第六章

常微分方程

在科学技术和经济管理的许多问题中，往往需要求出所涉及的变量间的函数关系. 根据问题所提供的信息，可以列出函数及其导数的关系式，这样的关系式称为微分方程，而通过求解微分方程可以确定该函数关系. 微分方程的理论是数学学科的一个重要分支，它在理工科、经济学中有着重要的应用.

6.1　微分方程的基本概念

在涉及微分方程之前，我们先来简单复习下关于方程的概念. 所谓方程，是指那些含有未知量的等式，它表达了未知量所必须满足的某种条件. 方程是根据对未知量所进行运算来分类的，如果在一个方程中的未知量是函数，那么这样的方程称为函数方程；如果在一个函数方程中含有对未知量的积分运算，那么这样的方程称为积分方程；同理，如果在一个函数方程中含有对未知数的求导或微分运算，那么这样的方程称为微分方程.

定义 1　一般地，我们把含有未知函数的导数（或微分）的方程称为**微分方程**. 下面我们通过一些实例来说明微分方程的基本概念.

例 1　已知某种商品的需求价格弹性 $E_d = -0.04P$，市场对该商品的最大需求 $Q = 1\,000$，试求需求函数.

解　据价格弹性的定义，需求函数 $Q = \varphi(P)$ 满足下列关系式：

$$\frac{P}{Q}\frac{\mathrm{d}Q}{\mathrm{d}P} = -0.04P$$

即

$$\frac{\mathrm{d}Q}{\mathrm{d}P} = -0.04Q \tag{6-1}$$

且满足 $Q = 1\,000$（当 $P = 0$ 时）.

由上式有
$$\frac{\mathrm{d}Q}{Q}=-0.04\mathrm{d}P$$
同时积分可得
$$\int\frac{\mathrm{d}Q}{Q}=-\int 0.04\mathrm{d}P \Rightarrow \ln Q=-0.04P+C$$
即
$$Q=C\mathrm{e}^{-0.04P}$$
把 $Q=1\,000$（当 $P=0$ 时）代入，可得：$C=1\,000$.

故需求函数为：$Q=1\,000\mathrm{e}^{-0.04P}$.

在上述例子中，需求函数 $Q=\phi(P)$ 是未知的，称为**未知函数**. 式（6–1）是一个含有未知函数 Q 及其导数 $\frac{\mathrm{d}Q}{\mathrm{d}P}$ 的方程，称为**微分方程**. 而式子中含有的导数为一阶导数，故称为一阶微分方程.

能使微分方程成为恒等式的函数，称为**微分方程的解**. 函数 $Q=C\mathrm{e}^{-0.04P}$ 中含有一个常数 C，这种含有任意常数的个数等于微分方程的阶数的解，称为微分方程的**通解**. 函数 $Q=1\,000\mathrm{e}^{-0.04P}$ 中，常数 C 取值 1 000，这种通解中任意常数确定为某一特定值的解时，称为该微分方程的**特解**. 而 $Q=1\,000$（当 $P=0$ 时）用来确定通解中任意常数 C 取特定值的条件，这样的条件称为**初始条件**.

由定义知，微分方程是含有未知函数的导数或微分的方程. 如果在微分方程中，自变量的个数为一，则称这种微分方程为**常微分方程**；若自变量的个数为两个或两个以上，则称为**偏微分方程**.

例如：$\frac{\mathrm{d}^2y}{\mathrm{d}t^2}+b\frac{\mathrm{d}y}{\mathrm{d}t}+cy=f(t)$ 为常微分方程.

$\frac{\partial^2F}{\partial x^2}+\frac{\partial^2F}{\partial y^2}+\frac{\partial^2F}{\partial z^2}=0$ 为偏微分方程.

微分方程中未知函数的最高阶导数的阶数，称为微分方程的阶数. 微分方程按其阶数，可分为**一阶微分方程**和**高阶微分方程**（二阶及其以上的微分方程）.

例如：反应物体冷却过程中物体温度变化规律的微分方程：
$$\frac{\mathrm{d}u}{\mathrm{d}t}=-k(u-u_a)$$
为一阶微分方程.

反应单摆的有阻尼微小受迫振动方程：
$$\frac{\mathrm{d}^2\theta}{\mathrm{d}t^2}+\frac{\mu}{m}\frac{\mathrm{d}\theta}{\mathrm{d}t}+\frac{g}{l}\theta=\frac{1}{ml}F(t)$$
为二阶（高阶）微分方程.

一阶微分方程的一般形式可表示为：
$$F(x,y,y')=0$$
称为**一阶隐式微分方程**. 若将上式中 y' 解出，得到方程：
$$y'=f(x,y) \text{ 或 } M(x,y)\mathrm{d}x+N(x,y)\mathrm{d}y=0$$

称为**一阶隐式微分方程**.

同理，***n*** **阶隐式方程**的一般形式为：

$$F(x,y,y',y'',\cdots,y^{(n)})=0$$

n **阶显式方程**的一般形式为：

$$y^{(n)}=f(x,y,y',y'',\cdots,y^{(n-1)})$$

习　题　6.1

1. 下列方程哪些是微分方程，并指出它的阶数：

（1）$y'=2x+6$；　　（2）$y=2x+6$；

（3）$\dfrac{d^2y}{dx^2}=4x+x$；　　（4）$x^2-2x=0$；

（5）$x^2dy+y^2dx=0$；　　（6）$y(y')^2=1$；

（7）$y''+(y')^5+2x=0$；　　（8）$y^2-8y+2x=0$；

（9）$3y^{(4)}+7y'''+8y''-15y^5=2t^3+t+2$.

2. 指出下列各题中的函数是否为所给微分方程的解. 若是，是通解还是特解？

（1）$xy'=2y, y=5x^2$；

（2）$y'+y=0, y=3\sin x-4\cos x$；

（3）$y''-(a+b)y'+aby=0, y=c_1e^{ax}+c_2e^{bx}$；

（4）$y''-k^2y=0, y=c_1e^{ax}+c_2e^{bx}$；

（5）$y''+\dfrac{2}{x}y=0, y=\dfrac{c_1}{x}+c_2$.

3. 验证 $x=2(\sin 2t-\sin 3t)$ 是方程 $\dfrac{d^2x}{dt^2}+4x=10\sin 3t$ 满足初始条件 $x(0)=0, x'(0)=-2$ 的解.

4. 一曲线通过点（1，0），且曲线上任意点 $M(x,y)$ 处切线的斜率为 x^2，求该曲线方程.

6.2　一阶微分方程

6.2.1　可分离变量的微分方程

定义 1　形如：

$$\frac{dy}{dx}=f(x)g(y) \tag{6-2}$$

的微分方程称为**可分离变量的微分方程**. 其特点是：右端为自变量 x 的函数与因变量 y 的函数的乘积，且 $f(x)$、$g(y)$ 均为连续函数.

下面说明方程（6–2）的求解方法.

（1）当 $g(y)\neq 0$ 时，方程（6–2）可变形为

$$\frac{\mathrm{d}y}{g(y)}=f(x)\mathrm{d}x$$

等式两边同时积分可得

$$\int\frac{1}{g(y)}\mathrm{d}y=\int f(x)\mathrm{d}x+C \tag{6–3}$$

即

$$G(x)=F(x)+C \tag{6–4}$$

其中，$\int\frac{1}{g(y)}\mathrm{d}y,\ \int f(x)\mathrm{d}x$ 分别表示 $\frac{1}{g(y)}$、$f(x)$ 的原函数，C 为某一常数.

因此，式（6–3）或式（6–4）是方程（6–2）的通解.

（2）当 $g(y)=0$ 时，即存在这样的 y_0，使得 $g(y_0)=0$，则 $y=y_0$ 也是方程（6–2）的解，直接代入即可.

例 1　求解方程 $\frac{\mathrm{d}y}{\mathrm{d}x}=\frac{y}{x}$.

解　当 $y\neq 0$ 时，变量分离得

$$\frac{\mathrm{d}y}{y}=\frac{\mathrm{d}x}{x}$$

两边同时积分，有

$$\ln|y|=\ln|x|+C_1$$

即方程的解为

$$y=Cx(C\neq 0)$$

此外，$y=0$ 也是方程的特解（C 可以取 0），故方程的通解为:

$$y=Cx\ （C\text{ 为任意常数}）$$

例 2　求解方程 $\frac{\mathrm{d}y}{\mathrm{d}x}=2xy$.

解　当 $y\neq 0$ 时，变量分离得

$$\frac{\mathrm{d}y}{y}=2x\mathrm{d}x$$

两边同时积分，有

$$\ln|y|=x^2+C_1$$

即方程的解为

$$y=C\mathrm{e}^{x^2}(C\neq 0)$$

此外，$y=0$ 也是方程的特解，故 C 可以取 0，所以方程的通解为:

$$y=C\mathrm{e}^{x^2}\ （C\text{ 为任意常数}）$$

6.2.2 齐次微分方程

定义 2 形如

$$\frac{\mathrm{d}y}{\mathrm{d}x}=g\left(\frac{y}{x}\right) \tag{6–5}$$

的方程，称为**齐次微分方程**.

齐次方程的解法如下：

令 $\frac{y}{x}=u$，得 $y=ux$，两边对 x 求导得

$$\frac{\mathrm{d}y}{\mathrm{d}x}=u+x\frac{\mathrm{d}u}{\mathrm{d}x}$$

代入式（6–5）有

$$\frac{\mathrm{d}u}{\mathrm{d}x}=\frac{g(u)-u}{x} \tag{6–6}$$

式（6–6）为变量可分离方程，重复上一节方法，可求解方程. 即

$$\int\frac{\mathrm{d}u}{g(u)-u}=\int\frac{\mathrm{d}x}{x}+C$$

再用 $\frac{y}{x}$ 替换 u，即可得到方程的通解.

例 3 求解方程 $\frac{\mathrm{d}y}{\mathrm{d}x}=2\sqrt{\frac{y}{x}}+\frac{y}{x}$.

解 令 $\frac{y}{x}=u$，则原方程可化为

$$x\frac{\mathrm{d}u}{\mathrm{d}x}=2\sqrt{u}$$

变量可分离，得

$$\frac{\mathrm{d}u}{2\sqrt{u}}=\frac{\mathrm{d}x}{x}$$

两边同时积分，得

$$\sqrt{u}=\ln|x|+C$$

即

$$u=(\ln|x|+C)^2$$

再用 $\frac{y}{x}$ 替换 u，可得方程的通解为

$$y=(\ln|x|+C)^2x$$

此外，$u=0$（即 $y=0$）也是方程的解.

例 4　求解方程 $y^2+x^2\frac{\mathrm{d}y}{\mathrm{d}x}=xy\frac{\mathrm{d}y}{\mathrm{d}x}$.

解　原方程可化为（两边同时除以 x^2 ）

$$\frac{\mathrm{d}y}{\mathrm{d}x}=\frac{\left(\frac{y}{x}\right)^2}{\frac{y}{x}-1}$$

令 $\frac{y}{x}=u$ ，得

$$u+x\frac{\mathrm{d}u}{\mathrm{d}x}=\frac{u^2}{u-1}$$

即

$$x\frac{\mathrm{d}u}{\mathrm{d}x}=\frac{u}{u-1}$$

变量分离，得

$$\left(1-\frac{1}{u}\right)\mathrm{d}u=\frac{\mathrm{d}x}{x}$$

两边积分，得

$$u-\ln|u|+\ln C=\ln|x|$$

再用 $\frac{y}{x}$ 替换 u，得

$$\ln y=\frac{y}{x}+\ln|x|$$

故方程的通解为： $y=C\mathrm{e}^{\frac{y}{x}}$.

6.2.3　一阶线性微分方程

定义 3　形如

$$\frac{\mathrm{d}y}{\mathrm{d}x}+p(x)y=q(x) \tag{6–7}$$

的方程，称为**一阶线性微分方程**. 如果 $q(x)\equiv 0$ ，即

$$\frac{\mathrm{d}y}{\mathrm{d}x}+p(x)y=0 \tag{6–8}$$

则称其为**一阶线性齐次方程**. 如果 $q(x)$ 不恒为 0，则称其为**一阶线性非齐次方程**.

一阶线性微分方程的求解方法如下：

（1）一阶齐次线性方程.

由于 $q(x)\equiv 0$ ，故 $\frac{\mathrm{d}y}{\mathrm{d}x}=-p(x)y$ ，显然是一个变量可分离方程，由前面知识易知，方程的

通解为

$$y = Ce^{-\int p(x)dx}$$

（2）一阶非齐次线性方程（常数变异法）.

将一阶线性齐次微分方程的通解中常数C换为x的未知函数$f(x)$（$f(x)$为待定函数），即设式（6–7）的解为

$$y = f(x)e^{-\int p(x)dx} \tag{6–9}$$

代入式（6–7）中，得

$$f'(x)e^{-\int p(x)dx} - f(x)p(x)e^{-\int p(x)dx} + f(x)p(x)e^{-\int p(x)dx} = q(x)$$

化简得

$$f'(x) = q(x)e^{\int p(x)dx}$$

同时积分有

$$f(x) = \int q(x)e^{\int p(x)dx}dx + C$$

再将上式代入（6–9）有

$$y = e^{-\int p(x)dx}\int q(x)e^{\int p(x)dx}dx + Ce^{-\int p(x)dx}$$

该式即为方程（6–7）的通解.

例 5　求解方程$\frac{dy}{dx} - \frac{2y}{x+1} = (x+1)^{\frac{5}{2}}$.

解　设$p(x) = -\frac{2}{x+1}, q(x) = (x+1)^{\frac{5}{2}}$.

因为

$$\int p(x)dx = \int -\frac{2}{x+1}dx = -2\ln(x+1)$$

$$e^{-\int p(x)dx} = e^{2\ln(x+1)} = (x+1)^2$$

$$\int q(x)e^{\int p(x)dx} = \int (x+1)^{\frac{5}{2}}(x+1)^{-2}dx = \int (x+1)^{\frac{1}{2}}dx = \frac{2}{3}(x+1)^{\frac{3}{2}}$$

故方程的通解为

$$y = e^{-\int p(x)dx}\left[\int q(x)e^{\int p(x)dx}dx + C\right] = (x+1)^2\left[\frac{2}{3}(x+1)^{\frac{3}{2}} + C\right]$$

习　题　6.2

1. 求下列方程的解：

（1）$\frac{dy}{dx} = y + \cos x$；

（2）$\dfrac{ds}{dt}=\dfrac{1}{2}\sin 2t+s\cos t$；

（3）$\dfrac{dy}{dx}+\dfrac{1-2x}{x^2}y-1=0$.

2. 求下列方程的通解：

（1）$\dfrac{dy}{dx}=2xy+e^{x^2}\cos x$；

（2）$x\dfrac{dy}{dx}=y+\dfrac{x}{\ln x}$；

（3）$(x^2-1)\dfrac{dy}{dx}+2xy-\cos x=0$.

6.3　可降阶的二阶微分方程

对于较高阶的微分方程，计算较为困难，故可通过降阶来进行计算. 本节将讨论几种特殊的可降阶的二阶微分方程.

6.3.1　形如 $y''=f(x)$ 的微分方程

该类微分方程的特点为：不显含未知函数 y 及一阶导数 y'. 该类二阶微分方程可通过两次积分而得到. 即

$$y'=\int f(x)dx+C_1$$

$$y=\int\left[\int f(x)dx+C_1\right]dx+C_2$$

例 1　解方程 $y''=\dfrac{1}{\sqrt{2x+1}}$.

解　两边同时积分得

$$y'=\frac{1}{2}\int\frac{1}{\sqrt{2x+1}}d(2x+1)=(2x+1)^{\frac{1}{2}}+C_1$$

两边再同时积分得

$$y=\int[(2x+1)^{\frac{1}{2}}+C_1]dx=\frac{1}{3}(2x+1)^{\frac{3}{2}}+C_1x+C_2$$

即为方程的通解.

6.3.2　形如 $y''=f(x,y')$ 的微分方程

该类微分方程的特点为：不显含未知函数 y. 其求解方法为：先求出 y'，再求出 y. 通过变量替换 $y'=p(x)$，则有 $y''=p'(x)$. 则方程可化为关于 x 和 p 的一阶方程，再用之前的方法即可求解.

例 2 求方程 $xy''+y'-x^2=0$ 的通解.

解 设 $y'=p(x)$，则 $y''=p'(x)=p'$，则原式为

$$p'+\frac{1}{x}p=x$$

由前面知识可知

$$p=\frac{1}{3}x^2+\frac{1}{x}C_1$$

即

$$\frac{\mathrm{d}y}{\mathrm{d}x}=\frac{1}{3}x^2+\frac{1}{x}C_1$$

同时积分，可得方程的通解为

$$y=\frac{1}{9}x^3+C_1\ln|x|+C_2$$

6.3.3 形如 $y''=f(y,y')$ 的微分方程

该类微分方程的特点为：显含未知函数 y,y',y''，不显含 x. 其求解方法为：令 $y'=p(x)$，则 $y''=\frac{\mathrm{d}p}{\mathrm{d}x}=\frac{\mathrm{d}p}{\mathrm{d}y}\frac{\mathrm{d}y}{\mathrm{d}x}=p\frac{\mathrm{d}p}{\mathrm{d}y}$. 故化为一阶微分方程.

例 3 求方程 $yy''-y'^2+y'=0$ 的通解.

解 设 $y'=p(x)$，则 $y''=\frac{\mathrm{d}p}{\mathrm{d}x}=\frac{\mathrm{d}p}{\mathrm{d}y}\frac{\mathrm{d}y}{\mathrm{d}x}=p\frac{\mathrm{d}p}{\mathrm{d}y}$，代入原方程为

$$yp\frac{\mathrm{d}p}{\mathrm{d}y}-p^2+p=0$$

当 $y\neq 0,p\neq 0$ 时，约掉 p 并分离变量得

$$\frac{\mathrm{d}p}{p-1}=\frac{\mathrm{d}y}{y}$$

同时积分，得

$$p=1+C_1y$$

即

$$y'=1+C_1y$$

再分离变量，并同时积分，可得方程的通解为：

$$\ln(1+C_1y)=C_1x+C_2$$

习 题 6.3

1. 求微分方程 $(1+x^2)y''=2xy'$ 满足初始条件 $y=f(x),f(0)=1,f'(0)=3$ 的特解.

2. 求下列方程的通解：

（1） $y''=x^2$；

（2） $y''=\cos x$；

（3） $y''=y'+x$；

（4） $(1+x^2)y''=2xy'$.

复习题六

1. 指出下列微分方程的阶数：

（1） $xy'^2+2yy'+x=0$；

（2） $x^2y''-xy'+y+x^2=0$；

（3） $\dfrac{\mathrm{d}y}{\mathrm{d}x}+\sin y+3x=0$；

（4） $(7x-6y)\mathrm{d}x-(x+y)\mathrm{d}y=0$.

2. 验证下列函数是否为相应方程的解. 若是，为通解还是特解？

（1） $\dfrac{\mathrm{d}y}{\mathrm{d}x}-2y=0, y_1=\sin x, y_2=\mathrm{e}^x, y_3=C\mathrm{e}^{2x}$；

（2） $4y'=2y-x, y_1=\dfrac{x}{2}+1, y_2=C\mathrm{e}^{\frac{1}{2}x}, y_3=C\mathrm{e}^{\frac{1}{2}x}+\dfrac{x}{2}+1$.

3. 解下列方程：

（1） $\dfrac{\mathrm{d}y}{\mathrm{d}x}=\mathrm{e}^y\sin x$；

（2） $xy'-y\ln y=0$；

（3） $\sqrt{1-y^2}\mathrm{d}x+y\sqrt{1-x^2}\mathrm{d}y=0$；

（4） $\dfrac{\mathrm{d}y}{\mathrm{d}x}=\dfrac{y}{x}+\mathrm{e}^{\frac{y}{x}}$.

4. 求下列方程的通解：

（1） $(x+2y)\mathrm{d}x-x\mathrm{d}y=0$；

（2） $\dfrac{\mathrm{d}y}{\mathrm{d}x}=\dfrac{x^2+y^2}{xy}$；

（3） $(1+y^2)\mathrm{d}x-x\mathrm{d}y=0$；

（4） $\dfrac{\mathrm{d}y}{\mathrm{d}x}=\sqrt{1-y^2}$；

（5） $yy''-y'^2=0$.

参考答案

第一章

习题 1.1

1.（1）是；（2）不是；（3）不是；（4）不是.

2.（1）$(1,2]$；（2）$(-\infty,1)\cup(1,+\infty)$；（3）$[-1,5]$；（4）$[0,1]$.

3.（1）偶函数；（2）奇函数；（3）奇函数；（4）非奇非偶函数.

4. 1；−2；1；−1；−1.

5.（1）$y=1-x, x<-1$；

（2）$y=2-\mathrm{e}^x, x\in\mathbf{R}$；

（3）$y=\dfrac{x}{x+1}, x\neq-1$；

（4）$f(x)=\begin{cases}x+1, x<-1,\\ \sqrt{x}, x\geqslant 0.\end{cases}$

6.（1）是，$T=\pi$；（2）不是；（3）是，$T=\dfrac{\pi}{3}$；（4）是，$T=\pi$.

7.（1）$y=\sin u, u=2x+3$；

（2）$y=\cos u, u=\ln v, v=1-x$；

（3）$y=\arcsin u, u=\mathrm{e}^v, v=2x-1$；

（4）$y=u^2, u=\tan v, v=\sqrt{t}, t=4x-1$.

习题 1.2

1.（1）有极限，极限为零；

（2）有极限，极限为零；

（3）有极限，极限为零；

（4）无极限.

2.（1）收敛；（2）收敛；（3）收敛；（4）发散.

习题 1.3

1.（1）0；（2）$\frac{1}{2}$；（3）-2；（4）-5.

2. $f(1^-)=-2, f(1^+)=2$，在 $x=1$ 处极限不存在.

3. $f(0)=6, f(0^-)=3, f(0^+)=7$，在 $x=0$ 处极限不存在.

4. 因为 $f(-1^-)=4, f(-1^+)=3+a$，所以 $4=3+a, a=1$.

习题 1.4

1.（1）无穷小；（2）无穷大；（3）无穷小；（4）无穷大；（5）无穷大；（6）无穷大.

2.（1）$x\to 0$ 或 $x\to -1$ 时函数为无穷小；$x\to\infty$ 时函数为无穷大.

（2）$x\to 2$ 时函数为无穷小；$x\to -3$ 时函数为无穷大.

（3）$x\to \frac{\pi}{2}+k\pi$ 时函数为无穷小；函数不可能为无穷大.

（4）$x\to k\pi$ 时函数为无穷小；函数不可能为无穷大.

3.（1）0；（2）0.

习题 1.5

1.（1）4；（2）0；（3）$\frac{3}{2}$；（4）0；（5）$\frac{2}{9}$；（6）$-\frac{1}{2}$；（7）$\frac{3}{2}$；（8）0；（9）∞；

（10）$\frac{2\sqrt{2}}{3}$.

2. $a=1, b=-1$.

3. $a=-6, b=5$.

习题 1.6

1.（1）2；（2）$\frac{2}{3}$；（3）e^{-8}；（4）e^{-4}.

2.（1）8；（2）2；（3）$-\frac{4}{3}$；（4）1.

3.（1）同阶；（2）等阶；（3）高阶.

4. $a=-4, b=-5$.

习题 1.7

1.（1）$x=1$ 为无穷间断点；

（2）$x=-2$ 为无穷间断点；$x=2$ 为可去间断点；

（3）$x=-1, x=3$ 都为无穷间断点；

（4） $x=1$ 为跳跃间断点；

（5）无间断点；

（6） $x=2$ 为跳跃间断点.

2.（1）不连续， $x=0$ 为跳跃间断点；

（2）不连续， $x=0$ 为可去间断点；

（3）不连续， $x=0$ 为可去间断点.

3. $a=1,b=0$.

习题 1.8

1. 略. 2. 略. 3. 略. 4. 略.

复习题一

1.（1）C；（2）B；（3）D；（4）B；（5）D；（6）B；（7）D；（8）B；（9）B；（10）C.

2.（1）（–2，1）；（2）1；（3） e^{-4} ；（4）4；（5）–2；（6）0；（7）1，–6；（8）2；（9）3；

（10） $\frac{1}{4}$.

3.（1）12；（2）3；（3） $\frac{2}{3}$ ；（4）–3；（5）1；（6）0；（7） $\frac{3}{2}$ ；（8） e^{-6} ；（9） $\frac{1}{2}$ ；

（10）0.

4. 2.

5. $a=4,b=-5$.

6. 略.

7. 函数在 $x=2$ 处不连续， $x=2$ 为函数的可去间断点.

第 二 章

习题 2.1

1.（1） 0 ；（2） $-\frac{1}{2}$ ；（3） $\frac{1}{2}$ ；（4）e.

2.（1）切线方程为 $y=3x$ ，法线方程为 $y=-\frac{1}{3}x+\frac{10}{3}$ ；

（2）切线方程为 $y=x+1$ ，法线方程为 $y=-x+1$ ；

（3）切线方程为 $y=3x-1$ ，法线方程为 $y=-\frac{1}{3}x+\frac{7}{3}$ ；

（4）切线方程为 $y=-4x+4$ ，法线方程为 $y=\frac{1}{4}x-\frac{1}{4}$.

3. 连续不可导.
4. $a=4,b=-5$.

习题 2.2

1.（1） $y'=22x-36x^2-2$；

（2） $y'=\frac{5}{3}x^{\frac{2}{3}}-\frac{7}{6}x^{\frac{1}{6}}+\frac{8}{3}x^{\frac{-1}{3}}$；

（3） $y'=3(\ln x+2x)\sin x+(3x-1)\left(\frac{1}{x}+2\right)\sin x+(3x-1)(\ln x+2x)\cos x$；

（4） $y'=\frac{4}{x}+2x\sin x+x^2\cos x$；

（5） $y'=-\frac{3}{x(2+\ln x)^2}$；

（6） $y'=\mathrm{e}^x3^x\ln 3+\mathrm{e}^x3^x+\frac{2}{x}$；

（7） $y'=x^x(\ln x+1)$；

（8） $y'=(\ln x)^x\left(\ln\ln x+\frac{1}{\ln x}\right)$；

（9） $\frac{\mathrm{d}y}{\mathrm{d}x}=\frac{4(2t+3)}{3\cos(3t-2)}$；

（10） $\frac{\mathrm{d}y}{\mathrm{d}x}=\frac{2\mathrm{e}^t}{2t+t^2}$.

2.（1） $y'=6(2x-1)^2$；

（2） $y'=\sin 2x\cdot\mathrm{e}^{\sin^2 x}$；

（3） $y'=8x\mathrm{e}^{4x^2}-\mathrm{e}^{-x}\cdot\mathrm{e}^{\mathrm{e}^{-x}}$；

（4） $y'=-\mathrm{e}^{-x}\cos x-\mathrm{e}^{-x}\sin x$；

（5） $y'=\frac{2\arcsin x}{\sqrt{1-x^2}}+\frac{2}{1+4x^2}$；

（6） $y'=\frac{1}{x\ln x}-3\tan(3x-1)$.

3.（1） $y'=\frac{2x+y}{2y-x}$；

（2） $y'=\frac{y}{y-2}$；

（3） $y'=\frac{2+2x-y\mathrm{e}^{xy}}{x\mathrm{e}^{xy}+2y}$；

（4）$y'=\dfrac{6x+3y-y^3}{3xy^2-3x}$；

（5）$y'=\dfrac{2-\mathrm{e}^y-y\mathrm{e}^x}{\mathrm{e}^x+x\mathrm{e}^y}$；

（6）$y'=\dfrac{1+3y}{2y-3x-1}$.

4.（1）$y''=12x+\dfrac{2-2\ln x}{x^2}$；

（2）$y''=9\mathrm{e}^{3x-1}$；

（3）$y''=2\sin x+4x\cos x-x^2\sin x$；

（4）$y''=-2\cos(1-x^2)-4x^2\sin(1-x^2)$；

（5）$y''=6x\mathrm{e}^{x^2}+4x^3\mathrm{e}^{x^2}$；

（6）$y''=12x^2\ln x+7x^2$.

习题 2.3

1.（1）$\mathrm{d}y=(6x^2-2x)\mathrm{d}x$；

（2）$\mathrm{d}y=(3x+2)\mathrm{e}^x\mathrm{d}x$；

（3）$\mathrm{d}y=\dfrac{\mathrm{e}^x(x-1)}{x^2}\mathrm{d}x$；

（4）$\mathrm{d}y=\dfrac{2\cos(2x-1)}{\sin(2x-1)}\mathrm{d}x$.

2. $\Delta y=0.52, \mathrm{d}y=0.5$.

3.（1）$\dfrac{x^2}{2}$；（2）$\sin x$；（3）$2\ln x$；（4）$2\sqrt{x}$.

4. 11.55.

习题 2.4

（1）$-\dfrac{1}{3}$；（2）2；（3）2；（4）2；（5）$\dfrac{1}{2}$；（6）0；（7）、$-\dfrac{3}{2}$；（8）1；（9）$\dfrac{1}{2}$；（10）$\dfrac{1}{\mathrm{e}}$.

习题 2.5

1.（1）增区间为$(-\infty,0),(2,+\infty)$，减区间为$(0,2)$，极大值为6，极小值为2；

（2）增区间为$(0,2)$，减区间为$(-\infty,0),(2,+\infty)$，极大值为$\dfrac{4}{\mathrm{e}^2}$，极小值为0；

（3）增区间为$\left(\frac{1}{2},+\infty\right)$，减区间为$\left(0,\frac{1}{2}\right)$，无极大值，极小值为$\frac{1}{2}+\ln 2$；

（4）增区间为$\left(-\frac{\ln 2}{2},+\infty\right)$，减区间为$\left(-\infty,-\frac{\ln 2}{2}\right)$，无极大值，极小值为$\frac{3\sqrt{2}}{2}$.

2.（1）最大值为 11，最小值为 2；（2）最大值为$\ln 2$，最小值为 0.

3. 当每批生产 250 单位产品时利润最大，且最大利润为 425 元.

习题 2.6

1.（1）当生产 1 000 单位产品时平均成本最小，且最小为 250 元；

（2）当生产 6 000 单位产品时利润最大，且最大为 875 000 元.

2. 利润函数为$L=-3.24q^2+620q-4\,900$，边际利润为$L'=-6.28q+620$.

3.（1）边际收入为$R'=100-4p$，需求弹性为$E=\frac{-p}{50-p}$，边际收入为 0 时，价格为 25；

（2）边际收入为$R'=(100-2p)\mathrm{e}^{-0.02p}$，需求弹性为$E=\frac{-p}{50}$，边际收入为 0 时，价格为 50；

（3）边际收入为$R'=30\,000-3p^2$，需求弹性为$E=\frac{-2p^2}{30\,000-p^2}$，边际收入为 0 时，价格为 100.

复习题二

1.（1）$y'=3x^2\ln x+x^2$；

（2）$y'=\frac{7}{6}x^{\frac{1}{6}}-\frac{5}{3}x^{\frac{2}{3}}$；

（3）$y'=\mathrm{e}^x2^x+\mathrm{e}^x2^x\ln 2-\frac{4}{x}$；

（4）$y'=(a+b)x^{a+b-1}$.

2.（1）$y'=8x(x^2-3)^3(2x+1)^3+6(x^2-3)^4(2x+1)^2$；

（2）$y'=\frac{\cos x}{\sin x}+\frac{1}{x\ln x}$；

（3）$y'=\arcsin\frac{x}{2}$；

（4）$y'=-\mathrm{e}^{-x}\mathrm{e}^{\mathrm{e}^{-x}}+4\mathrm{e}^{4x}$.

3.（1）$y'=\frac{3+y\mathrm{e}^{xy}}{1-x\mathrm{e}^{xy}}$；

（2）$y'=\frac{2xy}{1+y}$；

（3）$y'=\dfrac{2x-y}{x+4y}$；

（4）$y'=x(\sin x)^{\cos x}\left(\dfrac{1}{x}-\sin x\ln\sin x+\dfrac{\cos^2 x}{\sin x}\right)$.

4.（1）$y^{(4)}=16\sin 2x$；

（2）$y^{(n)}=3^n e^{3x-1}$；

（3）$y^{(n)}=(x+n)e^x$；

（4）$y''=\dfrac{2-2x^2}{(1+x^2)^2}$.

5.（1）$\dfrac{3}{4}$；（2）$\dfrac{1}{6}$；（3）$\dfrac{1}{2}$；（4）2.

6.（1）$dy=\dfrac{e^x}{1+e^{2x}}dx$；

（2）$dy=\dfrac{2xy-y^2}{2xy-x^2}dx$；

（3）$dy=30x(3x^2-2)^4dx$；

（4）$dy=\dfrac{2\cos(2x+1)}{\sin(2x+1)}dx$.

7. $a=-1,b=-1,c=1$.

8. $a=0,b=-2$.

9. 增区间为$(-\infty,-1)$、$(3,+\infty)$，减区间为$(-1,3)$，极大值为3，极小值为–61，在区间$[-2,2]$上的最大值为3，最小值为–51.

10. 解：设分x批生产，则生产准备费为$1\,000x$，库存费为$\dfrac{1\,000\,000}{2x}\times 0.05$，则生产准备费与库存费之和为$f(x)=1\,000x+\dfrac{1\,000\,000}{2x}\times 0.05=1\,000x+\dfrac{25\,000}{x}$.

$f'(x)=1\,000-\dfrac{25\,000}{x^2}=0,x=5$， $f''(x)=\dfrac{50\,000}{x^3},f''(5)=\dfrac{50\,000}{5^3}>0$.

所以当分成5批生产时，生产准备费和库存费之和最小.

第 三 章

习题 3.1

1.（1）$x-\dfrac{x^2}{2}+\dfrac{x^4}{4}-3\sqrt[3]{x}+C$；

（2）$\frac{x^3}{3}+\ln|x|-\frac{4}{3}\sqrt{x^3}+C$；

（3）$\sqrt{2}x^{\frac{1}{2}}+C$；

（4）$\frac{4^x}{\ln 4}+\frac{9^x}{\ln 9}+\frac{2\cdot 6^x}{\ln 6}+C$；

（5）$\frac{3}{2}\arcsin x+C$；

（6）$\frac{1}{3}(x-\arctan x)+C$；

（7）$\tan x-x+C$；

（8）$\frac{1}{4}(2x-\sin 2x)+C$；

（9）$\sin x-\cos x+C$；

（10）$\frac{90^t}{\ln 90}+C$；

（11）$2\arcsin x+c$；

（12）$\frac{1}{3}e^{3x}-3e^x-3e^{-x}+\frac{1}{3}e^{-3x}+C$.

2. $y=x^2+1$.

习题 3.2

1. 略.

2.（1）$\frac{1}{3}e^{3t}+C$；

（2）$-\frac{1}{20}(3-5x)^4+C$；

（3）$-\frac{1}{2}\ln|3-2x|+C$；

（4）$-\frac{1}{2}(5-3x)^{\frac{2}{3}}+C$；

（5）$-\frac{1}{a}\cos ax-be^{\frac{x}{b}}$；

（6）$2\sin\sqrt{t}+C$；

（7）$\frac{1}{11}\tan^{11}x+C$；

（8）$\ln|\ln\ln x|+C$；

（9）$-\ln\left|\cos\sqrt{1+x^2}\right|+C$；

（10）$\ln|\tan x|+C$；

（11）$\arctan e^x+C$；

（12）$\frac{1}{2}\sin x^2+C$；

（13）$-\frac{1}{3}\sqrt{2-3x^2}+C$；

（14）$-\frac{1}{3\omega}\cos^3\omega x+C$；

（15）$-\frac{3}{4}\ln|1-x^2|-\frac{3}{2}\arctan x+C$；

（16）$\frac{1}{2\cos^2 x}+C$；

（17）$\frac{1}{10}\arcsin\left(\frac{x^{10}}{\sqrt{2}}\right)+C$；

（18）$-\frac{1}{12}(9-4x^2)^{\frac{3}{2}}+C$；

（19）$\frac{\sqrt{2}}{4}\ln\left|\frac{1-\sqrt{2}x}{1+\sqrt{2}x}\right|+C$；

（20）$\frac{1}{5}(4-5x)^{-1}+C$；

（21）$-\frac{1}{97}(x-1)^{-97}-\frac{2}{98}(x-1)^{-98}-\frac{1}{99}(x-1)^{-99}+C$；

（22）$-\frac{1}{8}\ln\left|\frac{1+x^2}{1-x^2}\right|-\frac{1}{4}\arctan x^2+C$；

（23）$\sin x-\frac{1}{3}\sin^3 x+C$；

（24）$-\frac{1}{10}\cos 5x+\frac{1}{2}\cos x+C$.

3.（1）$\frac{1}{2}\left(\arcsin x+\ln\left|x+\sqrt{1-x^2}\right|\right)+C$；

（2）$\sqrt{x^2-9}-3\arccos\frac{3}{|x|}+C$；

（3）$\frac{x}{\sqrt{1+x^2}}+C$；

（4）$\frac{x}{a^2\sqrt{x^2+a^2}}+C$；

（5）$-\arcsin\frac{1}{x}+C$；

（6）$-\frac{6}{7}x^{\frac{7}{6}}-\frac{6}{5}x^{\frac{5}{6}}-2x^{\frac{1}{2}}-6x^{\frac{1}{6}}-3\ln\left|\frac{x^{\frac{1}{6}}-1}{x^{\frac{1}{6}}+1}\right|+C$.

习题 3.3

1.（1）$e^x(x+x^2)+C$；

（2）$e^x\cos x+C$；

（3）$\frac{1}{2}x(\sin\ln x-\cos\ln x)+C$；

（4）$\frac{-(\ln x)^2-2\ln x-2}{x}+C$；

（5）$\frac{-(\sin x+\cos x)}{2e^x}+C$；

（6）$x\ln(1+x^2)-2x+2\arctan x+C$；

（7）$x\tan x+\ln|\cos x|+C$；

（8）$x\ln(x+\sqrt{1+x^2})-\sqrt{1+x^2}+C$；

（9）$-\frac{1}{4}x\cos 2x+\frac{1}{8}\sin 2x+C$；

（10）$\sin^2 x\ln(\sin x)-\frac{\sin^2 x}{2}+C$；

（11）$\frac{1}{2}\sec x\tan x+\frac{1}{2}\ln|\sec x+\tan x|+C$；

（12）$x(\arcsin x)^2+2\sqrt{1-x^2}\arcsin x-2x+C$.

习题 3.4

1.（1）$\frac{1}{3}(x+3)^3-\frac{9}{2}(x+3)^2+27x-27\ln|x+3|+C$；

（2）$\frac{1}{3}x^3+\frac{1}{2}x^2+x+8\ln|x|-3\ln|x-1|-4\ln|x+1|+C$；

（3）$\ln\frac{x+1}{\sqrt{x^2-x+1}}+\sqrt{3}\arctan\frac{2x-1}{\sqrt{3}}+C$；

（4）$\frac{-x}{(x-1)^2}+C$；

（5）$\frac{-4x-5}{2(x+1)^2}+2\ln\left|\frac{x}{1+x}\right|+C$；

（6）$\frac{-3}{x+3}+2\ln\left|\frac{x+3}{x+2}\right|+C$；

（7）$\sqrt{3}\arctan\frac{2\sqrt{3}x}{3}+\ln|x-1|+\ln\sqrt{x^2+x+1}+C$；

（8）$\frac{1}{2}x^2-x+\frac{1}{2}\ln|x+1|-\frac{1}{4}\ln(x^2+1)+\frac{1}{2}\arctan x+C$；

（9）$\frac{1}{x+1}+\frac{1}{2}\ln|x^2-1|+C$；

（10）$-\frac{1}{2}\ln\frac{x^2+1}{x^2+x+1}+\frac{\sqrt{3}}{3}\arctan\frac{2x+1}{\sqrt{3}}+C$.

2.（1）$\frac{1}{2\sqrt{3}}\arctan\frac{2\tan x}{\sqrt{3}}+C$；

（2）$\frac{1}{\sqrt{2}}\arctan\frac{\tan\frac{x}{2}}{\sqrt{2}}+C$；

（3）$\frac{2}{\sqrt{3}}\arctan\frac{2\tan\frac{x}{2}+1}{\sqrt{3}}+C$；

（4）$\frac{1}{2}\ln|\cos x+\sin x|+\frac{x}{2}+C$；

（5）$\ln\left|1+\tan\frac{x}{2}\right|+C$；

（6）$\frac{1}{\sqrt{5}}\arctan\frac{3\tan\frac{x}{2}+1}{\sqrt{5}}+C$；

（7）$\frac{3}{8}\sqrt[3]{(1+x^4)^2}-\frac{3}{4}\sqrt[3]{1+x^4}+\frac{3}{4}\ln(1+\sqrt[3]{1+x^4})+C$；

（8）$\frac{a^2}{2}\arcsin\frac{x}{a}-\frac{x}{2}\sqrt{a^2-x^2}+C$.

复习题三

（1）$\frac{4}{5}x^{\frac{5}{4}}-\frac{24}{13}x^{\frac{13}{12}}-\frac{4}{3}x^{\frac{3}{4}}+C$；

（2）$\frac{1}{2}x^2\arcsin x-\frac{1}{4}\arcsin x+\frac{1}{4}x\sqrt{1-x^2}+C$；

（3）$2\sqrt{x}-2\ln(1+\sqrt{x})+C$；

（4）$2e^{\sin x}(\sin x-1)+C$；

（5）$2e^{\sqrt{x}}(\sqrt{x}-1)+C$；

（6）$\arccos\frac{1}{x}+C$；

（7）$\ln|\cos x+\sin x|+C$；

（8）$\ln|x-2|-\dfrac{3}{x-2}-\dfrac{1}{(x-2)^2}+C$；

（9）$\tan x+\dfrac{1}{3}\tan^3 x+C$；

（10）$\dfrac{3}{8}x-\dfrac{1}{4}\sin 2x+\dfrac{1}{32}\sin 4x+C$；

（11）$\dfrac{2}{3}\ln\left|\dfrac{x-2}{x+1}\right|+\dfrac{1}{x-2}+C$；

（12）$x\arctan(1+\sqrt{x})-\sqrt{x}+\ln|2+x+2\sqrt{x}|+C$；

（13）$\dfrac{1}{4}x^4-\dfrac{1}{2}\ln(x^4+2)+C$；

（14）$x-\dfrac{2}{\sqrt{3}}\arctan\left(\dfrac{2\tan x+1}{\sqrt{3}}\right)+C$；

（15）$\dfrac{1}{99}(1-x)^{-99}-\dfrac{1}{49}(1-x)^{-98}+\dfrac{1}{97}(1-x)^{-97}+C$；

（16）$-\dfrac{1}{x}\arcsin x-\ln\left|\dfrac{1+\sqrt{1-x^2}}{x}\right|+C$；

（17）$\dfrac{x^2-1}{2}\ln\left(\dfrac{1+x}{1-x}\right)+x+C$；

（18）$2\sqrt{\tan x}\left(1+\dfrac{1}{5}\tan^5 x\right)+C$.

第 四 章

习题 4.1

1. 略. 2. 略. 3. 略.

习题 4.2

1.（1）$\ln 2$；（2）$\dfrac{\pi}{21},\dfrac{\pi}{18}$；（3）$f(a)$.

2.（1）⩾；（2）⩾；（3）⩽；（4）⩾.

3.（1）$\dfrac{\pi}{2}\leqslant I\leqslant\dfrac{\pi}{2}\mathrm{e}$；（2）$\pi\leqslant I\leqslant 2\pi$.

习题 4.3

1.（1）$\frac{2x}{\sqrt{1+x^4}}$；（2）18；（3）e^{2x}；（4）e；（5）0 或 1；（6）$\cos^2 x-\frac{\pi}{2}$.

2.（1）$\frac{29}{6}$；（2）$\frac{\pi}{4}-\frac{2}{3}$；（3）1；（4）$\frac{\pi}{3a}$；（5）$\sqrt{3}-1-\frac{\pi}{12}$；（6）$\frac{\pi}{4}-2+\sqrt{2}$.

习题 4.4

（1）$\frac{\pi}{3}+\frac{\sqrt{3}}{2}$；（2）$\frac{\pi a^4}{16}$；（3）$\frac{4}{3}$；（4）$\arctan e-\frac{\pi}{4}$；（5）$\frac{\pi}{4}$；（6）$\frac{\pi}{2}-1$；（7）$\frac{1}{2}\left(e^{\frac{\pi}{2}}+1\right)$.

习题 4.5

1.（1）1；（2）$\ln 2$；（3）π；（4）$\frac{1}{2}$；（5）$\frac{1}{2}$；（6）发散；（7）1；（8）4；（9）$\ln(2+\sqrt{3})$；（10）4.

2.（1）发散；（2）发散.

习题 4.6

1.（1）$2\pi+\frac{4}{3};6\pi-\frac{4}{3}$；（2）$\frac{3}{2}-\ln 2$；（3）$e+e^{-1}-2$；（4）$\pi a^2$；（5）$\frac{3}{8}\pi a^2$.

2. $\frac{5}{24}\pi-\frac{\sqrt{3}}{4}$.

3. $\frac{3}{4}\pi^2-2\pi$.

4. $\frac{k(b-a)^2}{2a}$.

复习题四

1.（1）$2(1-2e^{-1})$；（2）54；（3）$-\frac{\cos x}{e^y}$；（4）$f(1)$；（5）8；（6）2；（7）$\frac{\pi}{6}$；（8）$\frac{\pi}{4}$；
（9）$\frac{\pi}{4-\pi}$；（10）$-\frac{1}{2}$.

2.（1）$\ln(e^2+1)-\ln(e^{-2}+1)$；（2）$\frac{1}{3}\left(\frac{11}{6}-2\ln 2\right)$；（3）4；（4）1；（5）$\frac{1}{2}[\sqrt{2}+\ln(1+\sqrt{2})]$；
（6）$2\sqrt{2}$；（7）$2(1-2e^{-1})$；（8）$-\frac{2}{3}\ln 2$；（9）$-\frac{\sqrt{3}}{2}-\ln(2-\sqrt{3})$；（10）$\frac{4-\pi}{4}$.

3.（1）$\frac{\pi^2}{4}$；（2）$\frac{\pi}{12}$；（3）$\frac{4\pi}{3}$；（4）$V=\frac{9}{4}\pi; W=\frac{593}{24}\rho g\pi$；（5）$\left(\frac{2}{3}\pi+\frac{\sqrt{3}}{4}\right)ab\rho$.

第 五 章

习题 5.1

1.（1）−23；（2）$15b^2$；（3）0；（4）2；（5）10.

2. 4.

3.（1）−10；（2）0；（3）144.

习题 5.2

1.（1）−115；（2）270；（3）1；（4）$aed-bce$；（5）$a_{11}a_{22}a_{33}$.

2. 12.

习题 5.3

（1）−3；（2）0；（3）0；（4）x^4.

习题 5.4

1.（1）$x_1=\frac{13}{5}, x_2=-\frac{4}{5}, x_3=-\frac{7}{5}$；

（2）$x_1=3, x_2=1, x_3=1$；

（3）$x_1=3, x_2=-4, x_3=-1, x_4=1$.

2. $k=1$.

习题 5.5

1. $\alpha=\beta=-1$.

2.（1）2 行 3 列，3 行 2 列；（2）3，1；（3）不相等.

3. $\boldsymbol{A}^{\mathrm{T}}=\begin{pmatrix}1&2\\3&4\\5&6\end{pmatrix}$，$\boldsymbol{B}^{\mathrm{T}}=\begin{pmatrix}1&-1\\-1&1\end{pmatrix}$，$\boldsymbol{E}_3^{\mathrm{T}}=\boldsymbol{E}_3$.

4. $\begin{pmatrix}19&4\\11&10\\32&-8\end{pmatrix}$.

5. $\boldsymbol{A}$ 不是方阵，故没有行列式；$|\boldsymbol{B}|=2$.

6.（1）1；（2）$\begin{pmatrix}-1 & 2\\ -2 & 4\\ -3 & 6\\ -4 & 8\end{pmatrix}$；（3）$\begin{pmatrix}10 & 4 & -1\\ 4 & -3 & -1\end{pmatrix}$.

习题 5.6

1. $\boldsymbol{A}$ 可逆，且 $\boldsymbol{A}^{-1}=\boldsymbol{A}+2\boldsymbol{E}$；$(\boldsymbol{A}+\boldsymbol{E})^{-1}=\dfrac{(\boldsymbol{A}+\boldsymbol{E})}{2}$.

2. $\boldsymbol{A}^{-1}=\begin{pmatrix}\frac{1}{2} & 0 & 0\\ 0 & \frac{1}{4} & 0\\ 0 & 0 & 1\end{pmatrix}$.

3.（1）$\dfrac{1}{ad-bc}\begin{pmatrix}d & -b\\ -c & a\end{pmatrix}$；（2）$\begin{pmatrix}-2 & 0 & 1\\ 0 & -3 & 4\\ 1 & 2 & -3\end{pmatrix}$；

（3）$\dfrac{1}{12}\begin{pmatrix}-6 & -6 & 6\\ 3 & -3 & -3\\ 2 & 6 & 2\end{pmatrix}$；（4）$\dfrac{1}{3}\begin{pmatrix}0 & 1 & 1\\ 0 & 1 & -2\\ -3 & 2 & -1\end{pmatrix}$.

习题 5.7

1. $\boldsymbol{B}_1=\begin{pmatrix}1 & 0 & 2 & -1\\ 0 & 0 & -2 & 0\\ 0 & 0 & 0 & -3\end{pmatrix}$, $\boldsymbol{B}_2=\begin{pmatrix}1 & 0 & 0 & 0\\ 0 & 0 & 1 & 0\\ 0 & 0 & 0 & 1\end{pmatrix}$, $\boldsymbol{B}_3=\begin{pmatrix}1 & 0 & 0 & 0\\ 0 & 1 & 0 & 0\\ 0 & 0 & 1 & 0\end{pmatrix}$.

2.（1）$\begin{pmatrix}-2 & 0 & 1\\ 0 & -3 & 4\\ 1 & 2 & -3\end{pmatrix}$；（2）$\dfrac{1}{3}\begin{pmatrix}0 & 1 & 1\\ 0 & 1 & -2\\ -3 & 2 & -1\end{pmatrix}$；（3）$\dfrac{1}{4}\begin{pmatrix}1 & 1 & 1 & 1\\ 1 & 1 & -1 & -1\\ 1 & -1 & 1 & -1\\ 1 & -1 & -1 & 1\end{pmatrix}$.

3.（1）1；（2）2；（3）2；（4）3.

4.（1）$k=8$；（2）$k\neq 8$；（3）不可能.

习题 5.8

1.（1）唯一解；（2）无解.

2.（1）$a=5,b\neq -3$；（2）$a=5$；（3）$a=5,b=-3$.

3.（1）$\boldsymbol{X}=k_1\begin{pmatrix}2\\-2\\1\\0\end{pmatrix}+k_2\begin{pmatrix}\frac{5}{3}\\-\frac{4}{3}\\0\\1\end{pmatrix}$；（2）$\boldsymbol{X}=k_1\begin{pmatrix}-19\\7\\1\end{pmatrix}$.

4. $\boldsymbol{X}=\begin{pmatrix}-\frac{9}{2}\\\frac{23}{2}\\0\\0\\0\end{pmatrix}+k_1\begin{pmatrix}-\frac{1}{2}\\-\frac{1}{2}\\1\\0\\0\end{pmatrix}+k_2\begin{pmatrix}0\\-1\\0\\1\\0\end{pmatrix}+k_3\begin{pmatrix}2\\-3\\0\\0\\1\end{pmatrix}$.

复习题五

1.（1）10；（2）0；（3）2；（4）−50.

2. −28.

3. 6.

4.（1）$x_1=\frac{1\,507}{665},x_2=-\frac{229}{133},x_3=\frac{37}{35},x_4=-\frac{79}{144},x_5=\frac{212}{665}$；

（2）$x_1=\frac{59}{17},x_2=\frac{5}{17},x_3=\frac{5}{17}$；

（3）$x_1=\frac{a+d}{2},x_2=\frac{c-d}{2},x_3=\frac{b-c}{2},x_4=\frac{a-b}{2}$.

5. $\begin{pmatrix}6&8&1\\8&8&9\\1&9&10\end{pmatrix},\begin{pmatrix}0&4&3\\-4&0&5\\-3&-5&0\end{pmatrix}$.

6. $\begin{pmatrix}2&2&-2\\2&0&0\\4&-4&-2\end{pmatrix}$.

7.（1）$\begin{pmatrix}3&-5\\-1&2\end{pmatrix}$；（2）$\begin{pmatrix}1&-2&7\\0&1&-2\\0&0&1\end{pmatrix}$；

（3）$\begin{pmatrix}\frac{1}{2}&-\frac{1}{2}&\frac{1}{2}\\-\frac{1}{6}&-\frac{1}{6}&\frac{1}{2}\\-\frac{2}{3}&\frac{1}{3}&1\end{pmatrix}$；（4）$\begin{pmatrix}-2&-1&0\\-\frac{13}{2}&3&-\frac{1}{2}\\-16&7&-1\end{pmatrix}$；

（5）$\begin{pmatrix} \frac{1}{a} & 0 & 0 & 0 \\ 0 & \frac{1}{b} & 0 & 0 \\ 0 & 0 & \frac{1}{c} & 0 \\ 0 & 0 & 0 & \frac{1}{d} \end{pmatrix}$；　　（6）$\begin{pmatrix} 1 & 1 & -2 & -4 \\ 0 & 1 & 0 & -1 \\ -1 & -1 & 3 & 6 \\ 2 & 1 & -6 & -10 \end{pmatrix}$.

8.（1）2；（2）3；（3）2.

9.（1）唯一解；（2）非零解.

10.（1）$x=k_1\begin{pmatrix}1\\1\\0\\0\end{pmatrix}+k_2\begin{pmatrix}1\\0\\2\\1\end{pmatrix}$；　　（2）$x_1=x_2=x_3=0$；

（3）$x_1=-\frac{1}{4},x_2=\frac{23}{4},x_3=-\frac{5}{4}$；　　（4）$\begin{cases}x_1=x_3-x_4-3,\\x_2=x_3+x_4-4.\end{cases}$（$x_3$、$x_4$为自由未知量）

第 六 章

习题 6.1

1.（1）1 阶；（2）不是；（3）2 阶；（4）不是；（5）1 阶；（6）1 阶；（7）2 阶；（8）不是；（9）4 阶.

2.（1）不是；（2）不是；（3）通解；（4）通解；（5）通解.

3. 略.

4. $y=\frac{1}{3}(x^2-1)$.

习题 6.2

1.（1）$y=Ce^x+\frac{1}{2}(\sin x-\cos x)$；　　（2）$s=Ce^{-\sin t}\sin t-1$；

（3）$y=x^2(1+Ce^{\frac{1}{x}})$.

2.（1）$y=e^{x^2}(C+\sin x)$；　　（2）$y=x(C+\ln|\ln|x||)$；

（3）$y=\frac{1}{x^2-1}(C+\sin x)$.

习题 6.3

1. $y=x^3+3x+1$.

2.（1）$y=\frac{1}{12}x^4+C_1x+C_2$；（2）$y=-\cos x+C_1x+C_2$；

（3）$y=C_1e^x-\frac{x^2}{2}-x+C_2$；（4）$y=C_1(x^3+3x)+C_2$.

复习题六

1.（1）1 阶；（2）2 阶；（3）1 阶；（4）1 阶.

2.（1）y_3为通解；（2）y_1、y_3分别为特解和通解.

3.（1）$e^y-\cos x=C$；（2）$y=C^x(C>0), y=0, y=1$；

（3）$\sqrt{1-y^2}+\arcsin x=C$；（4）$e^{-\frac{y}{x}}+\ln|x|=C$.

4.（1）$x+y=Cx^2$；（2）$y^2=x^2(2\ln x+C)$；

（3）$y=\tan(\ln Cx)$；（4）$y=\sin(x+C)$；

（5）$y=C_2e^{C_1x}$.

参 考 文 献

［1］马锐. 微积分［M］. 北京：高等教育出版社，2010.

［2］徐建豪，刘克宁. 经济应用数学［M］. 北京：高等教育出版社，2003.

［3］肖丽媛，杨丽，杨文中. 高等数学［M］. 北京：中国铁道出版社，2014.

［4］庄兴无，黄建华. 经济数学［M］. 北京：航空工业出版社，2011.

［5］王志平. 高等数学［M］. 上海：上海交通大学出版社，2012.

［6］牛燕影，王增富. 微积分［M］. 上海：上海交通大学出版社，2012.

［7］李富江，易忠. 高等数学［M］. 成都：电子科技大学出版社，2011.

［8］谷文祥，高莹莹，杨雪. 高等数学［M］. 武汉：华中科技大学出版社，2016.